現代・起亜と現代モビスの中国戦略

金 英善 著

文眞堂

まえがき

　生産拠点のアセアンシフトが進むなか，中国市場での工場新設および拡張の動きも無視できない。中国自動車市場占有率トップを誇る VW は中国でのエンジン生産能力を 100 万基以上に増やし，ホンダが広東省増城市に自動車およびエンジン工場を増設することを，そして日産が遼寧省大連に新工場を設立することをそれぞれ発表するなどにみられるように，自動車メーカーのなかには依然として中国市場を重要視する動きがある。自動車部品メーカーにおいても同様である。

　現代・起亜自動車にとっても中国市場は極めて重要である。同グループの 2013 年海外工場における自動車販売台数は 414 万台（うち現代が 291 万台，起亜が 123 万台）である。その内訳を地域別シェアでみると，中国が 162 万台で，海外工場販売台数全体の 39% を占める。言うまでもなく中国市場は同グループの海外における最大かつ最重要な市場である。

　本書は現代自動車のグローバル戦略のなかでもとりわけ同グループの最大の海外市場である中国市場にその焦点を絞った。韓国企業の海外展開に関する研究においてデータの乏しい現状下で，企業史，統計年鑑などの基礎文献から断片的な情報を収集し，論文の結論に至るまでの多くのデータはインタビューにて得たものである。

　なお，本書は，2010 年に早稲田大学大学院アジア太平洋研究科に提出した博士学位申請論文（『現代自動車グループの中国展開―現代 MOBIS を中心に』）をまとめたものである。論文提出から 4 年の歳月が経ち，統計データが古くなり，出版にあたって可能な限りデータのアップデートを行おうとはしたが，基本的には原型を留める形で出版に臨んだ。2011 年以降の研究成果の一部は早稲田大学自動車部品産業研究所の研究者たちとの共同研究調査によるものである。そのため，博士学位論文の延長線上で得られた 2011 年以降の研究成果については，当研究所が平成 24 年度科学研究費助成事業（基盤研究 C 課題番号：

24530494『日韓自動車企業の中国展開─Tier1，Tier2 企業を中心に』）の助成を受けて実施した研究成果である小林，金（2012，2013，2014，2015）を参照されたい。

　出版状況が厳しく，若手研究者が単独で研究成果物を出版することが非常に難しい現状の下で，本書がこのように形となり世に出る運びとなったのは，独立行政法人日本学術振興会研究費補助金（研究成果公開促進費）のおかげである。本書の出版に際して，平成 25 年度科学研究費助成事業（課題番号：255155『現代・起亜と現代モビスの中国戦略』）の助成を受けたことを，ここに記して感謝の意を表したい。

　最後に，本書がこのように形となり世にでる運びとなったのは，（株）文眞堂のおかげである。筆者の諸事情をご理解いただき，ご支援とご協力をいただいた前野隆氏に感謝申し上げたい。

目　　次

まえがき …………………………………………………………………… i
凡例 ………………………………………………………………………… vi

序章　問題の所在と分析手法 ………………………………………… 1

　第1節　問題意識 ……………………………………………………… 1
　第2節　先行研究の検討 ……………………………………………… 2
　第3節　研究課題と方法 ……………………………………………… 7
　第4節　本書の構成 …………………………………………………… 11

第1章　韓国自動車・同部品産業の概観 …………………………… 15

　第1節　韓国自動車産業の発展過程 ………………………………… 15
　　第1項　アジア通貨危機以前の発展過程 ………………………… 15
　　第2項　韓国6大自動車メーカー ………………………………… 21
　　第3項　韓国自動車産業の現状 …………………………………… 28
　第2節　韓国自動車部品産業の現状 ………………………………… 34
　　第1項　韓国自動車部品産業の動向 ……………………………… 34
　　第2項　韓国自動車部品メーカーの新しい動き ………………… 43
　　第3項　モジュールメーカーの誕生 ……………………………… 47

第2章　現代自動車グループの活躍 ………………………………… 55

　第1節　現代自動車の構造調整 ……………………………………… 55
　　第1項　現代自動車の統廃合過程 ………………………………… 55
　　第2項　現代自動車の循環型出資構造 …………………………… 59
　　第3項　現代自動車系列部品メーカー …………………………… 63
　第2節　現代・起亜自動車の国内生産体制 ………………………… 68

| 第1項　国内生産体制 …………………………………………… 68
| 第2項　国内開発体制 …………………………………………… 75
| 第3項　現代自動車の技術力 …………………………………… 80
| 第3節　現代自動車グループの海外進出 ………………………… 82
| 第1項　現代自動車の海外展開の必然性 ……………………… 82
| 第2項　現代自動車グループの海外拠点 ……………………… 85
| 第3項　新興市場での活躍ぶり ………………………………… 91

第3章　現代モビスの誕生と位置づけ …………………………… 97

  第1節　現代モビスの誕生 …………………………………………… 97
    第1項　現代モビスの事業内容 ………………………………… 97
    第2項　選択と集中による統廃合過程 ………………………… 98
    第3項　「基軸的Tier1」になった要因 ………………………… 102
  第2節　現代モビスの実力 ………………………………………… 106
    第1項　現代モビスの技術開発について ……………………… 106
    第2項　現代モビスの実績推移 ………………………………… 108
    第3項　現代モビスの受注推移 ………………………………… 110
  第3節　現代モビスにおけるモジュール化 ……………………… 112
    第1項　現代モビスの生産拠点 ………………………………… 112
    第2項　現代モビス経由の独特な部品納入方式 ……………… 114
    第3項　モジュール化の取り組み ……………………………… 117

第4章　現代・起亜と現代モビスの中国拠点 ………………… 123

  第1節　東風悦達起亜を中心とした拠点 ………………………… 123
    第1項　現代・起亜の中国進出 ………………………………… 123
    第2項　塩城市の概要 …………………………………………… 126
    第3項　東風悦達起亜の概況 …………………………………… 127
  第2節　北京現代を中心とした拠点 ……………………………… 131
    第1項　北京現代 ………………………………………………… 131
    第2項　合弁先北京汽車について ……………………………… 138

第3項　現代自動車の中国展開の特徴 …………………………… 142
　第3節　現代モビスの中国事業 ……………………………………… 147
　　第1項　モジュール生産拠点 ……………………………………… 147
　　第2項　現代モビスのその他の法人 ……………………………… 151
　　第3項　現代モビスの品質管理機能とA/S ……………………… 153

第5章　中国における現代モビスの機能と役割 ………………… 158
　第1節　現代自動車の随伴進出企業の実態 ………………………… 158
　　第1項　随伴進出プロセス ………………………………………… 158
　　第2項　随伴進出地域 ……………………………………………… 162
　　第3項　中国における部品取引状況 ……………………………… 169
　第2節　中国におけるTier2，Tier3の事例 ………………………… 173
　　第1項　現代・起亜の主要Tier1企業 …………………………… 173
　　第2項　北京，天津，山東地域におけるTier2，Tier3企業 …… 177
　第3節　現代モビスの機能と役割 …………………………………… 187
　　第1項　「基軸的Tier1」機能 ……………………………………… 187
　　第2項　現代モビスの品質経営 …………………………………… 194
　　第3項　現代自動車の強み ………………………………………… 199

終章　総　　括 ………………………………………………………… 205
　第1節　現代モビスの「機能と役割」 ……………………………… 205
　第2節　研究意義 ……………………………………………………… 206

参考文献 …………………………………………………………………… 208
参照URL …………………………………………………………………… 214
インタビュー調査リスト ………………………………………………… 217
あとがき …………………………………………………………………… 218

凡 例

1. 「現代モビス」という社名については，「現代モービス」，「現代MOBIS」，「現代摩比斯」などの表記があるが，本書では原則「現代モビス」に統一する。
2. 「随伴進出」の用語につては，「同伴進出」という表記もあるが，本書では「随伴進出」に統一する。
3. インタビュー調査については，インタビューを行った日付，社名，対象者の順に注で表記する。氏名とポジションを匿名希望の場合は，氏名はイニシャル，ポジションは省略する。
4. ホームページのURLについては巻末に出典をまとめて表記している。
5. 各社が発表した『事業報告書』のうち，一部はページ番号が記載されておらず，本書ではページの記載を省略した。
6. 車名，会社名はアルファベットもしくはカタカナで表記した。

序章
問題の所在と分析手法

第1節　問題意識

　中国自動車市場の拡大を背景に，欧米の大手自動車メーカーや日韓自動車メーカーが中国に進出した。それに伴って，大手自動車部品メーカーのみならず，2次，3次部品メーカーまでが，企業規模の大小を問わず中国進出を加速させてきた。自動車および部品メーカーのこのような動きに照応して，これらの自動車メーカーに対する研究も年々増加してきている。とりわけ，欧米系，日系自動車メーカーのサプライヤー・システムをはじめとする中国事業戦略に関する先行研究は数えきれないほど多い。しかしながら，欧米メーカーより遅れて「後発組」として中国に進出したが，同時期に中国市場へ進出した日系企業を凌駕して急成長ぶりをみせている現代自動車に関する研究は皆無に近い。「後発組」の現代自動車の躍進の秘密は果たしてどこにあるのか，わずか30年でグローバル自動車メーカーに成長した原動力はどこにあるのか，が本研究をはじめた第1の問題意識である。

　次に，現代自動車の躍進とともに，現代モビスという韓国Tier1企業が世間の注目を浴び始めている。とりわけ2007年以降，クライスラー，BMW，VWのような大手自動車メーカーからの受注額が急増し，2009年には『Automotive News』が選定した「Top 100 Global Suppliers」の12位に選ばれた[1]。それ以降は3年連続10位以内にランクインした。そして，現代自動車が工場を立ち上げたすべての国に随伴進出し，現地組立工場の部品と原材料の調達から品質，A/S（アフターサービス）まで統轄している[2]。この現代モビスは，いかなる経緯を経て誕生し，現代自動車グループの中で，どのような位置づけと役割を果たしているのか，を究明することが2番目の問題意識である。

　3つ目に，中国に進出した完成車メーカーの中には，グローバル最適調達に

よるコスト削減を図り，国籍を問わず現地に進出している外資系部品メーカーと中国地場メーカーからの調達を増やそうとする動きも出始めている。このような動きに対応するために，中国に進出した各国自動車・同部品メーカーはサプライヤー・システムの見直しを図りはじめている。韓国系自動車・同部品メーカーも例外ではない。

そうしたなかで，欧米系と日系自動車メーカーのサプライヤー・システムに関する実態調査や研究が進みはじめているが，中国における韓国系自動車・同部品メーカー間のサプライヤー・システムに関する研究はほとんど無い状況である[3]。

次節で詳しく紹介する一連の先行研究は，考察対象が韓国国内におけるサプライヤー・システムにとどまっており，中国に進出した韓国系自動車及び同部品メーカーが，現地でどのようなサプライヤー・システムを構築しているのかについては，未だに十分に解明されていない。したがって，一時期停滞もしていたが，2008年以降再び中国で成長ぶりを見せている現代自動車の成長の原動力の1つとなるサプライヤー・システムを明らかにすることは，その成長の秘密を解き明かすという意味で意義あることと考える。

第2節　先行研究の検討

以上のような問題意識にたち，ここでは先行研究を整理する。具体的には，①自動車部品サプライヤー・システム，とりわけ中国市場におけるそれの特徴に関する先行研究，②現代自動車及びその大手Tier1である現代モビスに関する先行研究，③現代自動車の中国展開に関する先行研究の順にレビューし，本研究の位置づけと研究意義を明確にする。

まず，サプライヤーシステムに関する研究では，産業組織論，製品開発論，技術管理論などの方法論から出発した優れた研究が多数ある。その中でも，韓国における自動車部品サプライヤー・システムに関する研究は比較的数が多いが，中国展開先でのサプライヤー・システムの特徴を解明できる視点を提供してくれる研究は非常に少ないのが現状である。それに対して，日本では自動車部品サプライヤー・システムに関しては数え切れないほど多くの研究成果が蓄

積されており，その中では，本書の研究視点に示唆を与える議論も少なくない。以下では，これらの議論の研究レビューを行い，本研究の位置づけを明確にしたい。

自動車部品サプライヤー・システムに関する先行研究には，浅沼（1997）や藤本（1998）をはじめ，これまで数多くの研究がなされている。とりわけ，浅沼（1997）は個別取引パターンについて詳述した。浅沼は，完成車メーカーと部品メーカーとの間に長期継続的な取引関係が存在することを指摘するとともに，そうした部品取引を統御する契約的枠組みの特徴として，①サプライヤーとのリスク・シェアリングの実施，②サプライヤーの改善努力に対するインセンティブ付与の仕組みの存在などを指摘している[4]。こうした特徴をもつサプライヤー・システムは，自動車産業における日系メーカーの国際競争力の源泉の１つとして，高く評価されている。しかし浅沼の研究の限界としては，その研究が主に完成車メーカーと大手部品メーカーを中心とする１次部品メーカーとの関係の考察にとどまっている点があげられる。

藤本（1997，1998）は，浅沼の視点をさらに具体化しサプライヤー・システムを考察する視点として，①境界設定（内外製区分の決定），②競争パターン（潜在的サプライヤー間の競争パターン），③個別取引パターン（取引の継続性，成果還元，リスク・シェアリング等）の３要素を提示し，日本の自動車部品サプライヤー・システムをこの３側面から分析した。

丸川（2006）は，浅沼や藤本の視点をふまえ中国に進出した欧米系，日系，韓国系及び中国地場完成車メーカーに対する部品供給を共通の枠組に基づいて比較した。分析にあたっては，自動車メーカーが新しい場所に工場を建てたときの部品サプライヤーの行動を輸送コストと規模の経済性から説明する理論仮説を提示した。そして，各国の完成車メーカーの部品調達システムの違いと部品メーカーの立地行動を分析した。

丸川（2007）は，「垂直分裂」というキーワードを使って，中国企業の競争力を分析した。丸川は，中国の産業，とりわけ電器産業と自動車産業に焦点を当てて，日本の電機メーカーが中国市場で低迷している事実を，「垂直分裂」を切り口に説明した。つまり，中国における産業の構造が，基幹部品製造と完成品組み立てが「垂直分裂」の体制になっており，「垂直統合」戦略を得意と

する日本企業の適応は不十分であるのに対して，中国企業は巧みに適応したこと，が中国企業の強みであると指摘した。

次は，韓国自動車・同部品産業に関する日本語文献をみてみよう。代表としては，洪（1999），金（2000），高（2002），水野（1996），吉川・李（2004）などがある。

洪（1999）は，比較的少数の部品メーカーとの長期継続的な取引あるいは専属取引を行うことによる長所と短所をバランスよく分析をしている。洪の研究は，長期継続取引が部品メーカーに対する管理や育成を促進する効果があると強調した。金（2000）は，国際競争力と国際比較という視点から日韓の自動車産業の発展パターンとそれに連動する下請分業生産システムに焦点を当てた比較分析を行っている。高（2002）は，韓国自動車産業のサプライヤー・システムの特徴には日本との相違点もみられるが，構造・慣行・制度の面で類似点も多く見られると主張している。例えば，韓国の自動車メーカーは日本のメーカーと同様に，外部サプライヤーを広範に利用しており（外注率の高さ），比較的少数の部品メーカーと長期継続的取引を行っている。また，価格のみならず品質・長期的改善能力も考慮した多面的なサプライヤー選定の慣行がみられるが，しかし，サプライヤー・システムが韓国では有効に機能しているとは言い難く，日本に比べてその競争力が低い，と指摘する。

水野（1996）は，韓国自動車産業の成長要因を技術力，企業の収益性，産業政策から分析し，製造原価を決定する技術力に注目して，韓国車に競争力があるかどうかを検討した。水野は，1993年前後の韓国自動車部品メーカーを，親企業への納入依存度の強弱に基づいて「専属型」，「準専属型」，「親企業分散型」，「独立型」の4類型に分類して分析を行った。吉川・李（2004）の研究は，吉川（1995）のリーン生産システムの体系化研究をフレームワークとして比較を行った。要するに，TPS（Toyota Production System）の3要素——段取り時間の短縮化，多機能工化，品質管理を中心に，トヨタ生産システムの移転状況を分析した。

しかし，これらの従来研究は，サプライヤー・システムのある側面，例えば企業間分業や部品企業間の競争関係，あるいは長期継続的取引などのような個別の取引慣行だけの実態分析にとどまっている点にある。そして従来の研究で

は，日本に比べて韓国のサプライヤー・システムの効率性が低い要因として，日韓における部品調達構造や取引慣行の相違点を強調する傾向がある。

次は，現代自動車と現代モビスに関する先行研究についてみてみよう。韓国語文献のJo (2005)，Kang, Lee (2008) と日本語文献の李 (2004) などが代表である。

Joは1990年代から，現代自動車の生産方式に焦点を当てて考察してきた。Jo (2005) は，生産同期化の観点からモジュール化による現代自動車の部品供給システムの変化を分析した。Joの研究によれば，モジュール化進展の制約要因としては，部品企業の開発力，労使関係，完成車メーカーの戦略などがあげられる。そして，モジュール化によって生産同期化は達成されるものの，モジュール組立メーカーの負担が一層増加すること，そして，モジュール組立メーカーを中心とする重層的部品供給システムが形成される可能性がある，と指摘した。しかし，1990年代にヨーロッパを起点に始まったモジュール化の動きに対し，日本企業はその取り込みにそれほど積極的ではなかったことに対し，韓国企業は積極的に取り込んではいたが，そのことについての分析視点はほとんどなかった。

韓国ではKang, Lee (2008) は，現代モビスが韓国の最初のモジュール専門メーカーとしてモジュール化を導入した理由を，自動車部品産業の変化を中心に検討し，既存資料とインタビューを重ねて，現代モビスの経営と技術成果に加えて，今後の方向性について考察した。

李 (2004) は，現代自動車の経営システムを分析すると同時に，韓国経済のダイナミズムの解明に焦点をあてている。李は，現代自動車の製造現場における作業組織，部品メーカーとの関係，日本および韓国市場での自動車マーケティングの実態などを調査し，そこから韓国型経営方式の比較制度的アプローチに挑んだ。つまり，韓国固有の経営方式としての「現代システム」をフォードシステムやトヨタシステムと比較することによって，「現代システム」がどのような特徴と課題をもっているのかを考察した。

これらの先行研究をを踏まえて，現代モビスの誕生および現代自動車グループにおける同社の機能と役割についてさらに深堀りをすることの必要性を感じた。

最後に，現代自動車の中国展開についての先行研究を整理してみよう。2008年以前の現代自動車の中国展開に関する研究は，中国自動車市場におけるマーケティング戦略を取り扱った Lee（2007）のみであった。しかし，2009 年に入ってからわずかではあるが，韓国で北京現代と東風悦達起亜を中心とする，中国進出韓国自動車メーカーに関する研究が行われはじめた。それは韓国でも，中国における現代自動車の躍進に注目し始めたことを意味する。例えば，以下のような研究があげられる。Park, Cho（2010），Rhee, Oh, Kim（2008a, 2008b）である。Park, Cho（2009）は，北京現代の設立背景と進出過程を分析し，中国市場進出の成功要因を，現地適応力，中国政府の役割，モデル投入，原価低減による価格競争力などの 4 つの側面から分析を加えた。Rhee, Oh, Kim（2008b）は，東風悦達起亜の製品戦略，流通戦略，研究開発，購買戦略を分析したうえ，2007 年のマイナス成長と初の赤字を記録した要因を，製品投入の失敗，ブランド構築の失敗，新車投入の遅れ，価格政策の失敗の 4 つの側面から分析した。

　Rhee, Oh, Kim は他にも，「同伴進出」供給メーカーのサプライチェンに関する研究も行っている[5]。例えば，Rhee, Oh, Kim（2008a）は，事例研究を通じて，現代自動車は進出当初は，品質安定化を目的に随伴進出によりサプライチェンを構築していたが，以降はコスト削減を目指して，部品及び原材料の現地調達比率を引き上げていく傾向にあると結論づけた。そして随伴進出企業のうち専属取引を行っている企業もあれば，一部の企業は拡販に注力している動向も指摘した。

　ただ，これらの研究は，北京現代と東風悦達起亜の実態調査を中心とする研究であり，随伴進出に関する研究であるとしても，Tier2，Tier3 の分析までカバーできなかった。

　つまり，従来の現代自動車に関する研究は，中国における現代自動車の成長の要因として，現代のマネージメントのスピード，市場に即応したマーケティング戦略などを中心に論じており，中国におけるモジュール化の取組あるいは中国における部品取引システムの特徴と関連付けた分析はほとんど見当たらない。現代のマネージメントの迅速性やマーケティング戦略だけでは，同社の高い経済成果を説明するのに十分ではないと思われるが，先行研究ではこの点に

対する認識は乏しい。そして，中国という巨大な自動車市場における韓国系自動車メーカーおよびサプライヤー・システムに関する先行研究はほぼ見当たらないのが現状である。

2006年以降からとりわけ韓国系Tier2，Tier3自動車部品メーカーの中国随伴進出が急増するなか，現代モビスをはじめTier2，Tier3を含めた実態調査による体系的な分析は少なく，中国進出韓国系自動車企業の部品調達構造についてのより実証的研究が求められている。

すなわち，今までの自動車産業のサプライヤー・システムに関する研究は，自動車メーカーと大手1次部品メーカーの国際分業を中心に議論が行われており，2次および3次部品メーカーの中国進出は軽視されていた。それゆえに，考察対象が完成車メーカーと，大手1次部品メーカーを中心とするサプライヤー・システムにとどまっており，2次および3次部品メーカーまで含めて考察を行った研究は皆無に近い。

しかしこの大手1次部品メーカーのコスト削減をその基底で支えているのは，外ならずこの2次3次サプライヤーであり，したがって，中小企業を中心とする韓国系2次および3次部品メーカーの中国進出が急増する今日，2次および3次部品メーカーに位置するような中小部品サプライヤーをも含めた実態研究が求められているのである。

第3節　研究課題と方法

1．研究課題

本研究は従来のそれをふまえ，以下のような研究課題と視点を新たに提示し，それに沿って研究を進めてきた。

第1は，現代自動車がわずか30年でグローバル自動車メーカーに成長した競争力はどこにあるのかを探求することである。周知のように，韓国は1960年代末までは開発途上国であり，現代自動車は1967年の設立当時は，エンジンなど中核部品を海外からの輸入に依存して自動車を組み立てていたのである。以降，海外自動車メーカーとの技術提携を機に目覚しい成長を遂げた。1998年には自動車販売台数が16位（85万台）であったが，2007年にはホン

ダや日産を抜き，世界トップ5位（416万台）と5倍弱の成長を遂げた。すなわち，その出発は「後発組」に属するにもかかわらず，わずか30年足らずの間に世界第5位の自動車メーカーへと成長したのである。

製品生産量と品質ともに世界トップ10位内に入り，世界から注目を浴びており，ますます存在感を増している。現代自動車のこのような躍進は，韓国経済の躍進を象徴する姿であるが，その躍進の秘密は，意外と解き明かされてはいない。たしかに，これまでも，現代自動車のトップダウンの積極経営方式や現代と起亜の統合による急速な競争力アップと国内市場寡占の優位性，ユニークな宣伝戦略，積極的なモジュール生産方式の導入など，断片的な指摘は行われてきたが，現代自動車の大株主として近年急成長している現代モビスの成長ぶりは，世間の注目を受けなかった。そこで，本研究では，現代自動車の成長の原動力と海外戦略における強みを分析するにあたって，現代モビスの「機能と役割」というキーワードを加えて分析することとする。

次の課題は，現代モビスが果たしている「機能と役割」は，現代自動車グループ内でいかに形成され，展開されていったのか，を探求することである。そこで，本研究では，現代自動車及び現代モビスの統廃合過程を辿りながら，現代モビスがモジュールメーカー及び「基軸的Tier1」となった要因を探ることとする。先行研究のサーベイからも明らかになったように，現代自動車内での現代モビスの位置と役割，その機能の特殊性に関しては総合的に検討されることはなかった。したがって，その点を踏まえた現代自動車の中国展開という課題に関しても，断片的指摘にとどまった観がしないでもない。

3つ目の課題は，現代自動車の海外最大市場である中国における検証である。中国進出現場における部品取引構造にも焦点を当てることで，現代自動車とその随伴進出自動車部品メーカーのサプライヤーシステムにおいて，現代モビスがいかなる位置と役割を演じてきているのかを明らかにする。すなわち，現代モビスが有する独特の機能と役割を，中国市場で検証することである。とりわけ，中国での合弁先である北京汽車との関係において，現代モビスが部品供給と資金循環の関連で決定的役割を演じ，要の位置にあることを明らかにする。このことは，なぜ現代自動車が海外展開する際に，現代モビスを随伴進出せねばならないかの秘密を解き明かすことにもなる。

第3節　研究課題と方法　9

　以上をまとめると，本研究は韓国を代表する現代自動車躍進の「秘密」を，同グループにおける現代モビスの位置づけと役割の視点から再検討を加えるものである。その際，筆者はその分析のフィールドに中国を選択した。その理由は，先行研究が少なく未知の分野であることもさることながら，この新興市場が現代自動車の最重要市場の1つであり，現代自動車の将来の生産システムの実験場でもあるからである。

　現代自動車はこれまで技術提携はしても独自経営を続けてきた韓国自動車メーカーでもある。その意味でも，韓国自動車産業の代表ともいえる現代自動車の競争力の源泉を追及しようとする本研究は意義があるものと考えられる。

2．研究方法

　以上の研究課題のとおり，本書では，研究が十分に行われていない現代自動車の中国展開，とりわけ現代モビスの「機能と役割」を中心に考察することで，現代自動車グループの競争力の源泉を探ることに焦点を絞る。

　現代モビスの機能と役割が生まれた要因を探るために，以下の資料を参考にした。まず，韓国自動車工業協会（2005）『韓国自動車産業50年史』，現代自動車（1997）『現代自動車30年史』，現代モビス（2007）『現代モビス30年史』を参考に，現代自動車の統廃合過程と現代モビスの誕生過程を辿りながら，「基軸的Tier1」になった要因を探る作業からはじめた。そして，現代自動車，起亜自動車，現代モビス3社の『事業報告書』の2000年～2010版を入手し，財務データをもってこの3社の成長過程を分析する作業をした。

　中国展開先での検証作業は，以下のような方法で実施した。先行研究はおろか統計データも十分に整備されていない条件下で，上述の研究課題を実現するために，中国に進出した韓国系自動車・同部品企業へのインタビュー調査を実施することからはじめた。筆者は2006年から2010年7月までの5年半の間に，現代自動車グループが中国でどのように部品を調達しているかの調査を続けてきた。インタビュー調査の積み重ねによって，中国における現代自動車グループの部品取引構造と実態について次第に把握することができ，同グループの調達方針と特徴が浮き彫りになった。具体的に2008年までの調査段階では，中国における現代自動車と随伴進出した大手1次部品メーカーの部品取引構造の

特徴づけは把握できたと考える。2008年以降は，韓国独立系自動車部品メーカーであるTier2，Tier3企業の中国進出が増えるなか，調査対象をTier2，Tier3部品メーカーまで広げて取引構造について考察した。

なお，インタビュー調査は中国という進出先だけでなく，現代自動車と現代モビスの韓国本社およびその他の海外拠点におけるインタビューも数回にわたって実施した。同じ会社を数度訪問し，複数の経営者を対象にインタビューを行うこともあった。インタビューの対象者はほとんど総経理，副総経理，生産管理部長，購買部長である。韓国人駐在員だけでなく，現地経営者トップと意見交換する機会も多数あった。調査は，韓国における工場見学とインタビューは2005年5～6月と2008年2月，2009年の2月と8月，2010年2月と5月，中国進出韓国企業に関しては2006年2～3月と7月，2007年11月，2008年12月，2009年8月と9月，2010年3月，4月，7月の訪問で計70社に及ぶ自動車・同部品メーカーに対してインタビューを行った。なお，2010年以降実施した海外調査および自動車部品メーカーに対するインタビューの成果は，小林，金（2015）を参照されたい。

現代自動車およびその大手自動車部品メーカーのうち上場した企業は，国際会計原則にほぼ則った財務諸表を公開している。韓国企業の場合ホームページも充実しており，実態調査に行く前にある程度情報を収集できる。調査当時に訪問先企業から受領した資料――企業概要の中には既存データとして，会社規模，資本金，所有形態，設立年度，従業員人数，近年の生産販売台数と売上高，主要取引先などがある。一部の企業からは人的資源管理，賃金体系などの資料の提供も受けた。これらの訪問企業におけるインタビューと工場見学により入手した社内資料・財務諸表とヒアリング資料を整理し，北京・天津地域，江蘇省地域，山東省地域を中心とした韓国自動車・同部品メーカーの中国進出状況を把握したうえ，その競争力要因を分析することが十分可能になった。もちろん他の企業との比較が不可欠であり，それには中国進出外資系企業の実態に迫りうる事例研究の積み重ねが必要であると考えているが，それは今後の課題とし，本研究では，現代自動車と中国に進出した他国メーカーとの比較研究の方向性を示したい。

第4節 本書の構成

本研究は以上のような研究方法で実施されてきており,論文全体の構成は以下のようである。構成は目次で示したとおり,課題設定の序章,結論の終章と本文の5章から構成される。

序章では,本研究の背景と問題意識,そして既存研究のサーベイを行ったうえ,研究課題と研究方法を設定した。先行研究のレビューでは,自動車部品サプライヤー・システムに関する先行研究,現代自動車及びその大手Tier1である現代モビスに関する先行研究,現代自動車の中国展開に関する先行研究の順に従来の研究を整理し,先行研究における限界を検討することによって,本研究の位置づけと意義を明確にする。その上で,本研究の課題と研究方法を提示する。

第1章では,韓国系自動車・同部品産業について,韓国自動車工業協会(2005)『韓国自動車産業50年史』を参考に,歴史的変遷を辿りながら概観する。第1節では,韓国初の自動車「始発」の誕生からアジア通貨危機までの発展過程を,政府の自動車・同部品産業育成策との関連で考察する。そして,アジア通貨危機以降の統廃合による構造調整から,今日の6社集約にいたるまでの過程を検討し,6社の現状について概観する。そして韓国自動車産業の現状を,製造業における位置づけ,生産販売輸出入状況,現代自動車の寡占状況の順に考察する。第2節では,急成長を遂げた韓国自動車部品産業の現状について考察する。とりわけ,近年積極的なM&Aを通して大型化してきた有力自動車部品メーカーの動向を考察する。最後に,大手自動車部品メーカーの新しい動きに着目し,韓国における有力自動車部品メーカーとりわけモジュールメーカーの誕生過程について分析する。

第2章では,第1章で考察した韓国自動車産業のなかでも,その代表といえる現代自動車グループに焦点を当てて,近年における活躍ぶりを考察する。まず第1節では,現代自動車(1997)『現代自動車30年史』を参考に,現代自動車における構造調整過程を,現代グループからの独立,研究開発機能の統合,プラットフォームと統合と部品の共通化,の3項目に分けて分析する。そして,

統廃合過程で生まれてきた現代自動車系列の有力自動車部品メーカーと現代自動車独特の循環型出資構造について考察する。第2節では，韓国国内における現代と起亜の生産・開発体制を，第3節では，同グループの海外展開について考察する。その際に，まず海外展開の必然性を，国内需要の頭打ち，労組紛争，人件費の増加，為替リスクの回避とコスト低減などの側面から検討する。そして，カナダ進出の失敗から，新興市場における活躍までの過程を辿りながら，同グループのグローバル生産ネットワークについて分析を加える。

第3章では，現代自動車グループの特徴の1つとしてあげられるモジュール組み立てメーカーである現代モビスの誕生過程とグループにおける位置づけについて考察する。第1節では，現代モビスの誕生はアジア通貨危機以降の，選択と集中による統合結果であることを明らかにする。そしてモジュール開発が可能になった要因を分析する。第2節では現代モビスの実力を検討する。同社の部品及びモジュール開発力の源泉になる海外提携先とそこから導入した技術について着目し，受注および実績の推移について考察する。第3節では，現代モビスの重要な役割の1つであるモジュール化について検討する。ここでは，韓国におけるモジュール生産拠点を考察するうえ，そのなかでも現代自動車グループのモジュール化の代表工場ともいえる牙山工場に焦点を当てて，モジュール化の現状に着目する。

現代モビスの「機能と役割」が生まれた要因を探るために，以下の資料を参考にする。まず，現代自動車（1997）『現代自動車30年史』，現代モビス（2007）『現代モビス30年史』を参考に，現代自動車の統廃合過程と現代モビスの誕生過程を辿りながら，「基軸的Tier1」になった要因を探る作業からはじめる。そして，現代自動車，起亜自動車，現代モビス3社の『事業報告書』の2000年～2010版を入手し，財務データをもってこの3社の成長過程を分析する作業をする。

第4章では，現代・起亜自動車と現代モビスの中国市場における事業展開戦略を絡ませながら，同グループの中国展開の特徴について分析する。第1節では，東風悦達起亜を中心とした塩城における拠点について分析を加える。第2節では北京現代を中心として北京，天津地域における拠点について考察する。第3節では，中国における現代モビスの事業展開について分析を加える。

第5章では，中国における現代モビスの「機能と役割」について検証する。この章では，従来の先行研究で実態分析に及ばなかったTier2, Tier3部品メーカーの事例研究にも触れる。第1節では，現代自動車の随伴進出企業の中国における実態を考察する。ここでは，現代自動車の随伴進出プロセス，随伴進出メーカーの数の推移と進出地域，そして主要随伴進出メーカーと生産品目について考察したうえで，中国における現代自動車の部品調達の特徴を探ることにする。第2節では，中国における同グループのTier2, Tier3メーカーについて考察することとする。韓国系自動車部品メーカーが集中している北京・天津地域，江蘇省地域，山東省地域を中心に，自動車部品産業の集積状況とその部品取引構造を，事例研究を通じて明らかにする。とりわけ，2005年以降，現代自動車グループのTier2, Tier3企業の進出が著しく増えている日照烟台地域における自動車部品団地にも着目する。韓国の大手ブレーキメーカーでありながら，独立系随伴進出メーカーの万都とそのTier1メーカー，そして現代モビスからみればTier2メーカーである企業数社の事例をあげる。これらの事例を通じて，現代自動車グループにおける部品取引構造を検討することとする。第3節では，インタビューによって取得した資料の分析を踏まえて，他の大手外資自動車メーカーより遅れて中国に進出した現代自動車が中国で急速に発展したその競争力要因を炙り出すことにする。

そして，これまでの現代自動車の中国における現状分析，取引構造の考察を踏まえて，現代モビスが随伴進出企業の統括をしている「基軸的なTier1」として中国で機能している，このような現代モビスの「機能と役割」が今日の現代自動車の競争力の源泉である，という本書の結論に結び付ける。

終章では，本研究の成果と残された課題を要約する。ここでは設定された課題に対して，第1章から第5章までの歴史分析，実態分析と事例分析を通して検証した内容を総括し，その分析から得られた研究成果を要約する。

注
1 「現代モビス，グローバルランキング12位に跳躍」『韓国経済』2010年6月16日。
2 「随伴進出」とは部品メーカーが，完成車メーカーの海外展開に追随して進出することを指す。「同伴進出」とも呼ばれるが，本書では「随伴進出」で統一する。
3 韓国では，2010年に入ってから，自動車部品メーカーの随伴進出に関する研究が数件発表された。先行研究に関しては次節でその詳細をレビューすることとする。

4 　藤本（1998）52–55ページより。
5 　Rhee, Oh, Kim は，部品メーカーが完成車メーカーの海外展開に追随して，海外に進出することを「同伴進出」と呼んだが，注2に示すように本書では「随伴進出」に統一する。

第1章
韓国自動車・同部品産業の概観

第1節　韓国自動車産業の発展過程
第1項　アジア通貨危機以前の発展過程[1]
1．韓国初の自動車メーカーの誕生

　1955年9月に韓国初の自動車「始発」が誕生した[2]。当時は戦争が終わった直後であり所得水準が低く，自動車の需要もそれほどなかった。自動車の生産をサポートする自動車部品関連産業は育成されておらず，その関連産業としては自動車整備業があったが補修用がメインであった。ただ大量の軍用車両の廃棄により，解体して再利用できる自動車部品が多数あったため，廃車を再利用する再生組立業が成り立ったのである。

　「始発」も始発自動車が米軍用ジープをモデルに，中古車部品を再利用して生産した車種であり，韓国初の自動車でもある。その中身のほとんどは軍用車両部品の再生品であり，一部のみが内製によるものであった。始発自動車は，ソウルにある鋳造工場をベースに1954年に設立された。設立当時の従業員は50～60名程度に過ぎなかったが，4年後の1958年には465名に増えた。車両製作，エンジン，ボディー・鋳造，機械，整備の5工場をもっており，1958年時点の生産能力は月50台規模であった。設立当初は乗用車のみを生産したが，1950年代末にはマイクロバスに加えて，ピックアップトラックの生産も始めた。しかし，交通部の認可を得られず，乗用車の「始発」とマイクロバスだけが販売可能であった[3]。

　当時，韓国の自動車部品の生産技術は極めて低い状態にあり，工作機械もなく手工業に頼らざるをえなかった。シリンダーヘッド，ボディーは何とか自社で生産した製品を搭載したが，トランスミッションなどをはじめとする多くの部品はアメリカ中古車から取り外した部品を再利用し，「始発」を組み立てた

のである。エンジン関連部品のシリンダーブロック，燃料タンク，マフラー，ウォーターポンプなどの社内で生産した部品の比率は1959年時点で56％に達した。残りの部品の外注調達比率をみると，16％は国内他社から，28％は外国部品を採用したのである。シリンダーヘッド，シリンダーブロックなど，エンジンの主要部品の国産化に成功したものの，シリンダーブロックは鋳造技術の関係で不良率が高く，安定的な供給には相当無理があった[4]。

韓国自動車工業協会（KAMA）の統計によれば，「始発」はセナラ自動車が設立された1962年まで生産販売を続けていた[5]。しかし，同年までの累計生産台数は2235台にとどまった。同社が生産開始した1955年にはわずか7台を生産したが，その翌年から生産実績が順調に伸び，1961年には662台を生産した。1958年に減ったのは，政府の政策の影響である。それは1957年5月8日，ガソリン使用を抑制するために，政府が打ち出した新車登録を規制する自動車保有抑制策である。同政策の打ち出しに至った理由は，戦後自動車保有台数が急増し，1955年に1万8356台（前年比15％増），1956年に2万5328台（前年比10.9％）となり，ガソリン消費が増えたからである。とりわけ，保有台数の58.6％に該当する1万4836台は走行距離が長い営業用であり，ガソリン消費量が自動車保有台数の増加に連動し急増したのである。そこで政府は，車の新規登録を規制することで，ガソリン消費量をコントロールしようと，既存自動車の廃車がない限り，新規登録を認可しない抑制策を打ち出した[6]。その影響を受けて，始発自動車の生産台数は翌年の1958年には140台へと減少した。以降，セナラ自動車の誕生により始発自動車の競争力は一層低下し，しばらくは大型バスの組み立ては続けたが，結局1964年には倒産するに至った[7]。

この時期に，始発自動車のような完成車及びシャシー製造企業は他に6社あり，自動車の車体製造など関連部品企業は26社あった。完成車及びシャシー製造企業の6社には，新進工業，河東煥自動車製作所，Daeji工業，大韓自動車製造工業社，中央工業社，新興公社が含まれていた[8]。始発自動車設立の翌年である1955年に，複数の自動車関連メーカーが設立されたのである。2月には部品生産と自動車整備業の新進工業社，12月には河東煥自動車製作所が設立された。ちなみに，新進工業は後の大宇自動車，河東煥自動車製作所は後の双龍自動車である。新進工業は整備業を中心にバスの組立をしたものの，そ

の実績は河東煥自動車ほどではなかった。1960年には大韓自動車工業協会の援助で建設を始めた整備工場が完工し，本格的にバスの再生組立事業を推進した。同工場は，今日の大宇バス組立工場の前身である。河東煥自動車製作所は軍用廃車から分解した部品を再利用しバスを組み立てて販売した。そのバスの売れ行きがよく，1956年末にはバス製作工場を立ち上げたのである[9]。

1963年には東方自動車工業を合併し，河東煥自動車工業株式会社に社名を変更した。1967年には，新進自動車と提携して乗用車市場に参入した。1977年には，東亞自動車に社名を変更し，1986年に双龍グループに買収され，双龍自動車と社名を変更した[10]。

このほかにSangma自動車，国際モータースなどの組立メーカーもあったが，後述するセナラ自動車の誕生により始発と同じ運命になった[11]。この時期の自動車部品関連企業数も多かったが，完成車企業と同様に再生修理業と無許可メーカーがほとんどであった。自動車部品を生産する専門メーカーは1958年時点で43社に過ぎなかった。生産部品品目は計300品目に達し，うちエンジン部品が26品目，電装部品が35品目，制動装置関連部品が30品目，操向装置関連部品が10品目，車体部品が40品目，その他の部品が30数品目含まれていた。ほかに，ピストン，スプリング，ガスケット，メタルベアリングなどA/S（アフターサービスの略，以下A/S）用部品を生産する部品メーカーもあった[12]。しかし，部品メーカーの規模を従業員基準でみると，従業員数が100名を超える企業がわずか3社であり，従業員数が50名未満の企業は86.7％を占めており零細企業が圧倒的であることがうかがえる[13]。

2．自動車産業育成とセナラ自動車の誕生

韓国自動車工業協会（2005）によれば，1961年に韓国の政府官僚は台湾を訪問する機会があり，当時の台湾大手自動車メーカーである裕隆社の発展ケースから大きな感銘を受けた。それを契機に，裕隆の提携先である日産にコンタクトをとるようになったのである。そして1962年4月に韓国政府は初の自動車産業政策である「自動車工業5ヵ年計画」を打ち出した。計画の主要内容は，自動車組立工場の建設を推進し，年産3000台規模の小型自動車組立工場を1工場と大・中型自動車組立工場及び大・中型ディーゼルエンジン工場をそ

れぞれ1工場立ち上げることであった。小型自動車組立工場であるセナラ自動車は，この計画の一環として設立されたのである。政府の後押しにより，それまでは分散していた自動車工作所がセナラ自動車，起亜産業，亜細亜自動車工業，河東煥自動車工業に再編された[14]。

「自動車工業5ヵ年計画」のほかに，政府は自動車税の減免と関税の免税などの措置で自動車産業を保護・育成しようとした。その一環として，政府は，1962年5月に「自動車工業保護法」を打ち出した。この保護法により，完成車・組立用の部品を除いて，すべての部品の輸入が制限された。同法により，1962年1月に設立して政府認可をまっていたセナラ自動車に自動車組み立ての認可が与えられたのである。セナラ自動車は日産自動車と技術提携し，富平に工場を建て，「ダットサンブルバード」1200ccをSKD方式で生産開始した[15]。これと並行してCBU（Complete Built-Up）方式により「セナラ」を生産し始めた[16]。

一方，一時期30万ウォンの高価でも販売が好調であった「始発」は価格競争力を失った。結局1962年の5月には12万ウォンに，7月には5〜8万ウォンと短期間に大幅な値下げをした。同年9月に，「セナラ」がタクシーに採用され，その翌年にはソウル市内のタクシー2700台のうち，「セナラ」が1000台以上に急増した。「始発」のシェアは1700台へと減少し，その後も販売不振から回復できず完全に競争力を失い，結局1964年には生産販売を停止した。1965年には新進工業社に合併された。翌年に，新進工業社は新進自動車に社名を変更した。1965年7月に，亜細亜自動車工業株式会社が設立された。同社は，現在の起亜自動車光州工場である（次項を参照）。同社も，「自動車工業保護法」の恩恵を受けて設立されたのである。以降フランスのFFSA社と，イタリアのFIAT社と技術提携をし，乗用車生産を開始した[17]。

1963年政府商工部は「自動車産業一元化方案」を制定した。セナラ自動車，亜細亜自動車と暫定組立工場の8社に対して，一貫性のある部品政策により国産化を促進するよう指導を行った。しかし，暫定組立工場の許可取り消し問題などの難点が生じ，1964年同方案に代わって「自動車産業総合育成計画（系列化方案）」を打ち出した[18]。

当時は韓国には49社の自動車部品メーカーがあったが，技術レベルが低く，

主に自動車修理業に頼っていた。ハイエンドの自動車部品の生産,設計能力もなく,雇用人数が100人を超える企業は7社程度であった。そこで,同計画を打ち出し,稼動中の新進自動車を中核として組立工場を統合し,部品産業においても自動車工業協同組合傘下の75社を中心に国産化を推進させることを骨子としていた。セナラ自動車を新進自動車が引き継ぐことになったのも,「自動車産業総合育成計画」によるものである。すなわち,新進自動車が「系列化方案」の親企業として選定されたのである。1964年5月には「自動車工業保護法」により,小型自動車製造工場の認可を取得した。新進自動車に対する認可の条件として,①1965年5月15日まで国産化率95％を達成,②関連企業の投資のために株の50％を開放するなどが含まれていた[19]。新進自動車は1965年11月にセナラ自動車を吸収合併し,翌年1月には,トヨタと技術提携をおこなった。同年5月には,1500ccの「コロナ」を,1968年8月には800ccの「パブリカ」を生産販売し,韓国唯一の総合組立工場として登場した[20]。

1967年末に「自動車工業保護法」は時効満了で廃案され,以降,同年12月に「自動車三元化方案」,1968年1月に「組立工場整備活用方案措置」,1969年12月に「自動車工業育成基本法」などが続々と打ち出され,韓国自動車メーカーは1社集約方針から複数社競争方針という拡大政策へシフトした。すでに参入した新進自動車と亜細亜自動車（1965年7月2日設立）に加え,1967年1月8日に現代自動車（1967年12月29日設立）の参入が認可され,「三元化体制」となった[21]。

その後,1971年に起亜産業が加わり「四元化体制」となり,さらに長期自動車工業振興計画に伴う1974年8月30日の措置により亜細亜自動車を除外した「三元化体制」に復帰した。この時期に海外メーカーとの提携も次々と行われており,亜細亜自動車がフィアット,現代自動車がフォードと技術提携した[22]。

3．国産車開発と輸出段階へのシフト

1967年から韓国自動車産業は国産化初期段階に入り,1969年に自動車の国産化計画を打ち出した。計画の骨子は,組立工場と部品工場を完全に分離し,品目別に部品工業を一元化し水平系列化を推進することであった。国産化の目

標をみていくと，乗用車分野では，国産化率を 1969 年の 38％から 1970 年には 58％へ，1971 年には 71％へ，1972 年には 100％国産化を実現することであった。一方，バスとトラック分野では 1974 年に 100％の国産化を達成することであった[23]。

　1972 年から韓国自動車産業は国産車開発段階に入った。政府はまず関連企業の整理を行った。1972 年 1 月に 30 社の「暫定組立工場」におけるバスの組立を禁止し，乱立していた組立工場の閉鎖に着手した。以降，新進自動車，現代自動車，亜細亜自動車が乗用車を生産し，起亜産業（後の起亜自動車）が貨物自動車を生産した。そのうち，新進自動車は 1972 年にトヨタとの技術提携を解消し，GM と合弁で GM コリアを設立し，1976 年にはセハン自動車に社名を変更した[24]。1979 年 1 月には自動車産業が十大輸出戦略産業に選定された。その後，重化学工場の重複過剰投資を是正し，財閥企業の立て直しと自動車部品業界の倒産を防ぐ目的で 1980 年 8 月に「8・20 措置」を実施した。しかし，現代自動車に乗用車生産を一元化するという統合措置に対して，異論が多く結局実現されなかった。1981 年に政府は「自動車工業合理化措置」を打ち出し，組立メーカー別に車種割り当てを強行した[25]。

　乗用車生産を現代自動車とセハン自動車に二元化するという措置をきっかけに，現代自動車は乗用車専門メーカーとして指定されたのである。東亜自動車と起亜産業を統合させて，特装車 1 ～ 5 トントラック，中小型バスの専門メーカーとするという措置も打ち出された。しかしながら，東亜と起亜産業の統合はその後白紙に戻り，両者とも特装車生産を継続していた。結局，起亜が乗用車部門から撤退し，現代とセハンは 1 ～ 5 トントラック及びバス事業部門から撤退した[26]。

　1982 年から 1986 年の間には韓国自動車産業は量産体制を確立し輸出も開始した。1984 年に現代はカナダの市場開拓を本格化し，「PONY（ポニー）」2 万 5000 台を販売した[27]。1986 年にはアメリカ市場に「EXCEL（エクセル）」を輸出しはじめた。「EXCEL」はアメリカのフォーチュン（Fortune）誌により「1986 年度アメリカ 10 大商品」に選定され，自動車専門誌の『Automotive News』が発表した「世界自動車産業 11 大ニュース」で「現代エクセルの成功」は 6 位に選ばれた[28]。

1986年には，自動車の輸出台数が国内販売台数を超え，1987年からは大量輸出段階に入った。1988年には，韓国自動車生産台数は100万台を超え，輸出台数も60万台弱に達した。韓国自動車工業協同組合（KAICA）の統計によれば，この時期の自動車部品メーカー数は927社に達していたが，技術レベルはまだ低く，部品メーカーの育成が重要な課題として浮上したのである[29]。

　独自の技術開発力の確保を目標に，1980年代の半ばから本格的な技術開発体制の構築に取り組んだ。1981年には技術開発への投資規模が売上高の2％にも至らなかったが，1987年には起亜が2.9％，大宇が1.9％，現代が3.6％へ増加した。研究開発費の金額ベースでみると，上記の3社合計で1983年の285億ウォンから，1987年にはおよそ5倍の1513億ウォンに増加した。しかし，主要技術は依然として海外に依存し，1962年から1990年までの技術導入件数は6994件で，特に日本からの技術導入が3536件で，全体の50.9％を占めており，技術における対日依存度が非常に高かった。GMが大宇自動車に提供した「ルマン」の製造技術や，マツダの起亜産業に対する中型乗用車の技術供与などがある[30]。

　1991年までの大量輸出段階を経て，1992年から独自の技術開発段階に入り，1996年には280万台の生産体制を構築し世界第5位の生産大国となった。1998年からはアジア通貨危機をきっかけに自動車産業における構造調整が行われ，韓国自動車産業はグローバル化段階に入った。

第2項　韓国6大自動車メーカー[31]

1．アジア通貨危機後の再編

　1997年のアジア金融危機以前の韓国有力自動車メーカーとしては，起亜自動車，双龍自動車，大宇自動車，三星自動車，現代自動車があげられる。アジア金融危機の影響で最初に倒産した自動車メーカーは起亜だが，その後現代自動車を除いた3社も次々と倒産した。経営破綻した起亜自動車は1998年に現代自動車に吸収され，三星自動車は2000年にフランスのルノー自動車に，大宇自動車は2002年にGMに，双龍自動車は2004年に上海汽車にそれぞれ売却された。

　このような再編を繰り返した結果，韓国乗用車メーカーは現代自動車グルー

プ(現代と起亜),韓国GM,双龍,ルノー三星の4社に,商用車メーカーは大宇バス,タタ大宇に絞られた。乗用車メーカーでは現代自動車グループ以外の3社はすべて外国資本が入り,独自経営を続けたメーカーは同グループのみである。すなわち,現在の韓国には,現代・起亜,大宇バスの韓国系メーカーと,韓国GM,ルノー三星,双龍,タタ大宇の4社の外資系子会社からなる合計6社の完成車メーカーが存在する(図表1-1を参照)。

KAMAの統計によると,2013年の韓国国内における生産能力は498万4000台に達する。前年より11万2000台増加したのは,起亜の乗用車生産能力9万台増加分と韓国GMの2万2000台の増加分である。車種別で生産能力をみると,商用車の46万6000台に対して,乗用車は451万8000台に達し圧倒的に多い。「昼間連続2交代」制の導入,ストライキなどの影響により,国内生産は2年連続減少し,2013年の生産台数は452万1000台である[32]。

それでも,国別世界自動車生産順位では,依然として5位を維持している。そのうち138.3万台が国内販売で,308万9000台が海外に輸出された。すなわち,国内生産のうち68.3%は海外市場向けの輸出であり,いうまでもなく韓国の自動車産業は「輸出依存型」である。

以下設立された年順でみていくことにする。

図表1-1 韓国自動車生産メーカー概要

区分	現代	起亜	韓国GM	ルノー三星	双龍	大宇バス	タタ大宇
設立	1967.12	1944.12	2002.8	2000.9	1954.1	2002.10	2002.11
従業員数(人)	59,831	32,756	16,988	5,830	4,365	1,000	1,090
生産車種	乗用車 SUV CDV バス トラック 特装車	乗用車 SUV CDV バス トラック 特装車	乗用車 SUV CDV バス トラック	乗用車 SUV	乗用車 SUV	バス	トラック
生産能力(千台)	1,868	1,730	937	300	123	6	20
純利益 2012(十億ウォン)	5,273	2,136	-108	-207	-106	-18	-9

出典:韓国自動車工業協会(2005)及び韓国自動車産業研究所(2013)より作成。

2．起亜自動車と亜細亜自動車[33]

　起亜自動車の前身は，1944年に設立された京城精工である。設立当初は，主に自転車部品を生産し，中古自転車の車体と部品を再利用し手作業で自転車を組み立てた。同社の会長は若いとき日本に渡って自転車技術を習い，大阪で自転車部品のナットとボルトを製造販売した経験があり，その経験を生かして故郷に戻って京成精工を設立したのである。韓国初の自転車である「三千里号」は同社の製品である。1952年に起亜産業株式会社に社名を変更し，さらにその10年後にはオートバイ事業も始めた。1961年に始興工場で二輪車生産を，翌年には三輪貨物車の生産を開始した。三輪貨物車事業は，マツダ自動車との技術提携によりスタートした。1971年にはマツダの技術で四輪トラックを，1974年からは乗用車の生産を始めた。この頃，韓国初の総合自動車工場として，年間2.5万台の生産能力をもっている所下里工場が京畿道の始興に立ち上がった。この工場で韓国初のセダン乗用車「ブリサ」が誕生したのである。1974年のことである。同社は韓国で初となるガソリンエンジンの生産に成功した企業でもある。

　自転車からスタートして，オートバイ，三輪貨物車，四輪貨物車，小型乗用車「ブリサ」へと徐々に事業を拡大させた起亜自動車は，1976年には大型商用車メーカーの亜細亜自動車を買収した。ほかにも起亜機工などの会社を次々と買収し総合自動車メーカーに成長するための足場をつくった。

　第二次オイルショック以降の企業の財務構造悪化と財閥企業を規制するために，政府は1980年に「9・27措置」と呼ばれる「自動車産業統廃合合理化措置」を発行した。起亜自動車の他に160社を超える企業が対象になり，起亜は同措置の実施期間中は乗用車を生産することができなかった。そこで商用車の開発に注力し，レジャー用RV市場に進出を図ったのである。措置の発効から6年後に再び乗用車生産が可能になったが，その6年間に築き上げた開発力は無駄ではなかった。

　商用車開発で磨いてきた技術をベースに，マツダの技術供与を受け「プライド」を市場に出すことにより，資金を確保でき，さらに開発に力をいれた。起亜自動車の経営陣にはエンジニアが多く，開発にこだわりを持っていた。マツダの323アンダーボディをもってきて，アッパーの部分を独自で設計製造し，

中型市場に参入しようとしたが，その計画もマツダのアンダーボディの提供拒否により泡と消えた。

1988年には商用車の中国輸出を開始し，1990年に社名を起亜自動車に変更したのである。起亜自動車の名が世に知られたのは「スポーティジ」の発表からである。1991年に開発した「スポーティジ」は，初のオンオフロード兼用の乗用型SUVであった。その後アジア金融危機の影響を受け，起亜は1997年7月に不渡り防止協定対象企業として指定された。同年10月に法廷管理体制に入り，翌年には経営破綻し現代自動車の傘下に入った。「技術の起亜」とよく呼ばれる起亜自動車はアジア金融危機後，とりわけデザインに注力した。

ここで起亜自動車に買収された亜細亜自動車についてみていこう。同社は1965年に設立された。1970年からイタリアのFIAT社と技術提携をし，1200ccの小型乗用車の「FIAT124」の生産を開始した。1973年から特装車も生産しはじめた。1974年には防衛産業メーカーとして指定され，軍事用特殊車両の生産も始めた，1976年10月には起亜グループに編入された。1977年には日野自動車と技術提携を行い，大型バス及びトラックの生産も開始した。1987年には韓国初のミニバス「TOPIC」を発売した。1990年には「JEEP ROCSTA」を市販し，これによりこの分野での双龍の独占状態が崩れた[34]。

3．双龍自動車[35]

双龍自動車は韓国のRV専門の自動車メーカーであり，代表的車種には「Kyron」，「Actyon」などがある。高級乗用車の「Chairman」も生産している。双龍自動車の前身は，1955年に設立された河東煥自動車工業製作所であり，バス，トラック，特装トラックを生産していた。1977年には，社名を東亜自動車に変更した。1978年には，アメリカのGreyhound社と技術提携を，1979年には日産ディーゼルと技術提携を結んだ。1986年に双龍グループが河東煥会長所有の株を買収し，東亜自動車は双龍グループの傘下に入った。1988年に双龍自動車と社名変更し，1991年にはベンツと技術提携を行った。

アジア金融危機で経営難に陥り1998年には，双龍グループは自動車事業を大宇グループに売却したが，大宇グループの構造調整により，2000年に大宇グループから分離され，大宇自動車と同じく売却対象企業に指定された。2001

第1節　韓国自動車産業の発展過程　25

年8月には「コランドー」,「ムッソ」に加えて,高級SUVの「レクストン」を新発売し,業績はある程度回復に向かい2001年は10年ぶりの黒字を達成した。2004年に中国の上海汽車が株式の49％を取得し,双龍自動車を傘下に収めた[36]。

　しかし,2008年の金融危機の影響で結局経営が破綻し,2009年1月には会社更生法の適用を申請した。同社はSUVに強かったが,原油高により市場需要が燃費の良い小型車にシフトし,SUVの販売不振が続いた。2008年の双龍自動車の販売台数は8万1000台と前年より34％減少した。同年の上半期の売上高は2兆4900億ウォンで,純損失は7100億ウォンに及んだ。2009年1月,双龍自動車は経営不振を克服できず,会社更生法の適用を申請するにいたった。2010年8月,インドの自動車メーカーであるマヒンドラ・アンド・マヒンドラが双龍自動車買収のための優先交渉権者に選定された[37]。

　これにより,双龍自動車は双龍・大宇グループと中国上海汽車工業集団公司(上海車)に続き,インド資本も入るということになる。ちなみに,マヒンドラグループはSUVとトラクターを主に生産するインドの巨大企業グループである。

　韓国自動車産業研究所によれば,双龍自動車は2012年末から中国市場に「コランドC」ガソリンモデルを投入し,現在の80カ所の代理店を2倍に増やす計画であるという。他にインドでは2012年10月からマヒンドラの生産工場で双龍とインドで調達した部品で組み立てた「レキストン」を組立販売し,南アフリカでもマヒンドラの販売ネットワークを通じて「コーランドC」などの販売を開始するという。

4．大宇自動車[38]

　大宇自動車の前身は1962年に設立されたセナラ自動車である。設立当初は日産自動車と技術提携を行っていたが,1965年には新進自動車に吸収され,トヨタ自動車と提携し乗用車の生産を始めた。1972年には,新進自動車はトヨタとの技術提携を解消し,GMと合弁でGMコリアを設立した。1976年にはセハン自動車に社名を変更した。1982年にはGMが大宇に経営権を委譲し,1983年に大宇自動車となった。1999年8月,大宇自動車は経営再建のための

企業改善作業の対象となった。2001年9月には，GM，大宇自動車，大宇自動車債権団の合意により，GMが大宇自動車を引き受けて新法人GM Daewoo Auto & Technology Companyを設立した。持ち株比率は，GM側が67％，大宇自動車側が33％である[39]。

新法人は大宇自動車の昌原，群山工場，研究開発センターとハノイ工場及び海外の販売法人と部品会社の事業を引き受けることになった。GMに買収される時点で大宇の国内4工場の生産能力と生産車種は以下のようである。50万台の生産能力をもっている富平工場は「ラノス」，「マグナス」などの車種を，32万台の生産能力をもっている昌原工場は「ヌビラ」，「レッツォ」，大型トラック，24万台の生産能力をもっている昌原工場では「マティス」，「ラボー」を，6000台の生産能力をもっている釜山工場では中大型バスを生産していた。

5．現代自動車[40]

現代自動車は前述した政府の「自動車三元化方案」と自動車完全国産化政策の恩恵を受け，発展してきた。現代グループと自動車生産の結び付けは1940年にまで遡る。現代グループの創業者鄭周永がアドサービスという自動車整備工場を買収し，整備業に加えて小規模のトラック運送事業も始めたのである。太平洋戦争に勃発により，群小工場を強制合併する企業整備令により，同業他社に合併されたのである。1967年12月29日現代モーター㈱を設立し，1968年1月の「三元化」方針により，自動車生産に参入した[41]。

1968年2月23日にフォードの子会社であるイギリスフォードと技術及び組立の契約を締結し，6月に政府の認可を得て本格的に自動車生産に参入したのである[42]。翌年から「コルチナ」の生産販売を開始したが，エンジン工場の建設を巡ってフォードと合意を達成できず提携を解消した。1973年に政府は「長期自動車工業振興計画」を推進し，現代自動車はこの時期に蔚山工場を立ち上げたのである。同じ年に日本の三菱自動車と技術提携を結び，三菱自動車のコルトエンジンとイタリアのエンジンを導入し，1300ccクラスの初の国産モデル「PONY」の開発に成功した。『現代自動車30年史』によれば，「PONY」工場を建設する初期に，日本の荻原金型製作所にエンジニアを派遣し，2年6カ月をかけて金型政策及びプレス作業に関する技術を習得させた。当時の

「PONY」の販売状況をみると，1976年に1万4050台と43.6％の市場占有率を記録し，市場シェアトップの座を占めていた。以降の海外技術導入推移をみると，1977年には2件，1978年には13件，1979年には5件の新規技術を導入した[43]。

なかには自動車の駆動性能改善技術，シート製造技術，内装改善技術などが含まれていた。同社はアメリカ市場への進出のために，前輪駆動型技術の確保が必要となり，1982年三菱自動車と三菱商事から10％の出資を受け，1985年には三菱グループの出資比率が15％に増えた。この時期に，フォードとの技術提携は打ち切られた[44]。

1985年にはカナダに10万台の規模の乗用車組立工場を立ち上げ，1989年には海外生産を始めた。同工場は韓国初の海外自動車生産工場であった。1991年に現代自動車は韓国初のエンジン，トランスミッションの開発に成功した[45]。以降，現代自動車は今日まで韓国で業界生産台数トップの座を守っている。

6．ルノー三星自動車[46]

ルノー三星自動車の前身は三星自動車である。1987年12月三星グループは乗用車産業進出を検討し始めた。1994年4月には日産自動車と技術提携を検討した三星グループは，翌年に自動車産業に参入し三星自動車を設立した。日産自動車から2000ccクラスの乗用車の生産技術を提供され，日産の設備及び自動車部品を輸入し組み立て販売を行った。三星自動車は1998年3月にはSM5を量産開始したが，赤字続きで経営難に陥り，1999年6月に法廷管理を申請した。

2000年9月にはルノーが80.1％の株式を買収し，ルノー三星自動車に社名変更した。2001年5月には累積生産が10万台を突破した。2002年9月には準中型乗用車SM3を，2004年12月には準大型乗用車SM7を販売開始した。2007年12月には，「ルノー日産アライアンス」に基づいてSUVの「QM5」を投入した。2009年5月には韓国自動車メーカーのうち初めて電気自動車を2011年10月から量産化する計画を発表した[47]。

ルノー三星は主力モデル同士の競争力進化で数年連続国内販売が急減しただ

けでなく，輸出も不振に陥った。同社は2012年に経営陣を交代，欧米系経営者を増やすと同時に2012年末から自主早期退職者を公募した。2013年9月に同社を訪問する機会があったが，すでに1000名弱の従業員が自主的に早期退職を希望したという。

第3項　韓国自動車産業の現状

1．製造業における位置づけ

韓国自動車産業の製造業全体における位置づけは以下のようである。韓国自動車工業協同組合（KAICA）の統計データによれば，2007年の韓国自動車関連企業は4557社あり，製造業全体の3.8％を占めている。韓国最大の雇用創出産業でもあり，自動車関連企業の従業員は2007年ベースで27万人余に達し，韓国製造業全体の9.6％を占める。日本と同様に雇用創出効果につながり，韓国経済を支える主力産業の1つである。製造業における自動車産業の位置をみると，生産額は118兆8030億ウォンで製造業全体の11.9％を，付加価値額は38兆8650億ウォンで11.2％を，輸出額は489億7200万ドルで製造業全体の13.2％を占め，最大の輸出産業でもある（図表1-2を参照）。

韓国の自動車保有台数は2007年2月時点で，1600万台に達した[48]。1985年に初めて100万台を突破し，それ以降の22年間に16倍に成長したのである。

しかし，それ以降は，国内市場の飽和状態で，増加スピードが鈍化した。1年に50万台ほどのベースで増加し，2013年の自動車保有台数は1940万台である。そのうち，輸入自動車の保有台数は全体の4.7％を占める90万台に達す

図表1-2　韓国自動車産業の製造業における位置付け

区分	自動車産業	製造業	比重
企業数（社）	4,557	119,606	3.8％
従業員数（人）	277,319	2,878,728	9.6％
生産額（億ウォン）	1,188,030	9,942,100	11.9％
付加価値（億ウォン）	388,650	3,466,290	11.2％
輸出額（百万ドル）	48,972	371,489	13.2％

注：2007年基準である。
出典：韓国自動車工業協同組合（2009），9ページを参考に作成。

る。低燃費車，輸入ディーゼル車の販売増により，新規登録車のうち，ガソリン車は減少傾向にあり，軽油およびLPG車の登録数が増えている。

韓国自動車産業研究所が毎年発表する「主要国自動車保有台数比較」をみると，2008年時点で韓国の千人当たり自動車保有台数は339台に過ぎない。ちなみに，アメリカは千人当たり813.2台，日本は千人当たり591.8台，ドイツは千人当たり536.3台に達した。それでは，韓国における千人当たり自動車保有率の推移をみてみよう。韓国では2003年時点で，千人当たり304.9台（うち乗用車は214.5台／千人）を保有していた。それ以降，増加する趨勢にはあるが，増加規模は千人あたり数台程度に過ぎなかった。2008年から千人当たりの自動車保有台数は339台にとどまった。一方，乗用車の千人当たり保有台数は，2008年の249.7台から2009年には257.6台に増加した。

保有台数のうち車齢が10年を超える高車齢車のシェアも高まっている一方，自動車廃車率（当該年の自動車廃車台数／前年度末自動車登録台数）は，2008年以降から平均4％前後を維持している。上述した先進国の保有台数と比べると，韓国の千人当たり自動車保有台数はまだ低い状態ではある。

図表1-3　韓国自動車保有率推移

区分	2003	2004	2005	2006	2008	2009
自動車	304.9	310.6	318.8	329.1	339	339
乗用車	214.5	220.9	230.3	240.3	249.7	257.6

注：千人当たりの保有台数で自動車保有率を推移した。単位は台／千人である。
出典：韓国自動車産業研究所（2010），267ページより。

2．生産販売状況

韓国は1976年に初の固有モデルである「PONY」を輸出し始めてから2009年までの33年間に，合計6223万台の自動車を生産した。そのうち47.2％に該当する2935万台を国内市場で，52.8％を占める3288万台を海外市場で販売した[49]。韓国自動車生産台数の年別推移をみると，2000年に300万台を突破し，2005年には370万台を生産してフランスを抜き世界第5位となった。以降，国内生産台数は順調に成長し，2007年には400万台を突破した。しかし，

2008年には後半のリーマンショックによる金融危機の影響を受け，韓国自動車生産は内需不振と輸出の減少に連動し382万台に減少した。2007年の408万6000台に比べると5.9％減少し，これは2001年以来の初の前年比減少である。

生産減の背景には，国内自動車需要が前年比9.1％減少の115万4000台，輸出が5％減の268万4000台にとどまるなどの要因がある。韓国政府は，2008年の12月に販売不振の韓国自動車市場を刺激するために，自動車購入時の消費税を30％に引き下げるなど，自動車消費振興策を打ち出した。それにも関わらず，前年同月比24％減少の7万3000台に販売が減少した。2009年の生産実績は351万台にとどまった。国内販売は20.7％増加の139万4000台に達し，輸入車販売台数も加えると，国内自動車市場規模は，前年比19.6％増加の145万5000台に達する（図表1-4を参照）。

以下，メーカー別の2009年の生産と販売実績をみてみよう。国内生産では，1位の現代自動車グループが275万台（うち，現代が161万台，起亜が114万台）を，2位のGM大宇が53万2000台を，3位のルノー三星が18万9800台，双龍が2万8000台を生産した。2009年の国内販売では，現代自動車グループは111万6000台を販売し，圧倒的な国内市場シェアを占めている。起亜自動車の場合，全体の販売量のうち6割以上が小型車であり，とりわけ小型車種の売れ行きが良く販売増に貢献したのである。

2008年は原油価格の高騰により，ガソリン価格もそれに連動して高騰し，軽自動車の販売が好調になった。2007年には1バーレル55ドルだった原油が2008年1月には93ドルに，さらに7月には150ドルに高騰した。韓国政府は2008年3月から一時的に油類税を10％引き下げ，この支援策は2009年初めまで続けられた。そして，軽自動車の排気量基準を1000ccに上方修正した結果，

図表1-4　韓国自動車産業の生産販売輸出推移

	2005	2006	2007	2008	2009
生産	370	384	408.6	382.7	351.3
販売	114.3	116.4	121.9	115.4	139.4
輸出	258.6	264.8	284.7	268.4	214.9

注：単位は万台である。
出典：韓国自動車産業研究所（2009）により作成。

図表1-5　2012年世界自動車市場シェア

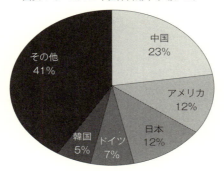

出典：韓国自動車産業研究所（2013）より作成。

起亜の「MORNING」などの軽自動車の売れ行きが好調になり，2008年の起亜の軽自動車の販売台数は前年比100％以上増加の13万4000台にまで増加したと考えられる。これに対して，GM大宇とルノー三星がそれぞれ11万5000台と13万4000台，双龍が2万2000台を販売した[50]。

ちなみに2012年の世界自動車生産は8470万台に達する。同年の韓国の自動車生産台数は456万台である。すなわち世界生産における韓国のシェアは5％である（図表1-5を参照）。占有率の起伏はあるものの，8年連続の世界第5位を維持している。

3．現代自動車グループの寡占状況

韓国自動車産業の特徴の1つは，現代自動車グループの国内市場における寡占状況である。図表1-6から韓国自動産業における現代・起亜の寡占状況がうかがえる。まず，生産能力が2008年時点で344万台（うち，現代が186万台，起亜が158万台）と，ほかの3社に比べて圧倒的に大きい。起亜自動車は2009年に瑞山工場に年産7万台規模の生産ラインを増設した。これで起亜自動車の年間生産能力が158万台に達した[51]。

そして中型エンジンの生産能力も拡充している。ルノー三星も生産能力を前年より5万台を増やし，30万台規模に拡充した。GM大宇の生産能力は91万5000台と変わらないままで，双龍は20万5000台へと生産能力が減少した。2008年の生産実績をみると，1位の現代自動車グループが272万9000台（う

図表 1-6　韓国自動車メーカーの概況

区分	現代	起亜	GM大宇	ルノー三星	双龍
設立	1967	1944	2002	2000	1954
従業員（人）	56,020	32,720	17,198	7,563	7,154
生産能力（万台）	186	158	91.5	30	20.5
08年生産（万台）	167.4	105.5	81.3	18.8	8.1
08年販売（万台）	57.1	31.6	11.7	10.2	3.9
08年輸出（万台）	109.9	73.9	70.3	9.5	4.3
08年売上高（十億ウォン）	32,190	16,382	12,311	3,705	2,495
08年純利益（十億ウォン）	1,448	114	-876	76	-710

出典：韓国自動車工業協同組合（2009），韓国自動車産業研究所（2010），260ページより。

ち，現代が167万4000台，起亜が105万5000台）を，2位のGM大宇が81万3000台を，次にルノー三星が18万8000台を，双龍が8万1000台を生産した（図表1-6を参照）。

2008年の国内販売データからみると，双龍が3万9000台，ルノー三星とGM大宇がそれぞれ10万2000台と11万7000台である。これに対して，現代自動車グループは88万7000台（うち，現代が57万1000台，起亜が31万6000台）を販売し，国内市場の7割を現代と起亜の車が占めている。2008年の輸出では，現代自動車グループが183万8000台（うち，現代が109万9000台，起亜が73万9000台）を，GM大宇が70万3000台，ルノー三星が9万5000台，双龍が4万3000台を記録した。ちなみに，2009年の実績では，現代自動車起亜は韓国国内市場の8割のシェアを突破した。各社の収益状況をみると，GM大宇と双龍は両社赤字で，現代とルノー三星のみ黒字経営をしているが，規模からみると現代の方がルノー三星より圧倒的に大きく，韓国を代表する自動車生産メーカーである。

韓国国内市場におけるシェアの推移をみていくと，2000年時点ですでに国内シェアの7割弱を現代自動車グループが占めており，以降着実にシェアを拡大し，2008年には国内市場の74.6％を同グループが占めていた。双龍のシェアは徐々に減少し，2004年の11.4％から2008年には4.1％へと縮小した。ルノー三星と，GM大宇はここ数年間，それぞれ10％の市場シェアを維持して

図表 1-7　韓国自動車メーカーの国内市場シェア推移

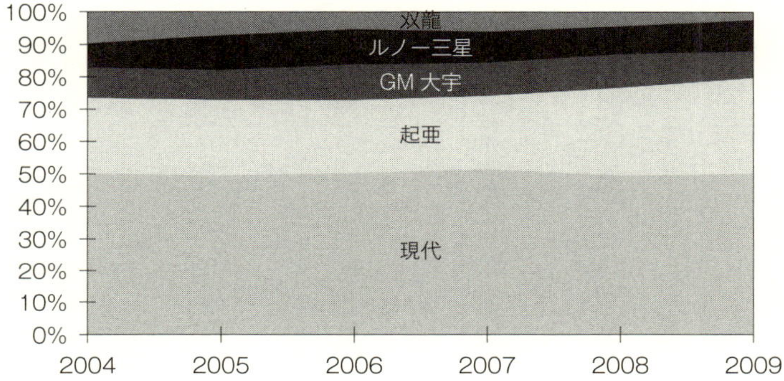

出典：韓国自動車産業研究所（2008），（2009），（2010）より作成。

いる。2009 年には現代自動車は国内市場で 70 万 3000 台を販売し，そのシェアは 50.4％に達した。同時期起亜は 41 万 3000 台（シェアは 29.6％）に達し，現代自動車グループ合計で 111 万 6000 台，国内シェア初の 80％を記録したのである[52]（図表 1-7 を参照）。

4．輸出入車市場

自動車の輸出は，2004 年から順調に成長し，2007 年には 284 万 7000 台に達した（図表 1-4 を参照）。しかし，2008 年にはアメリカと西欧の主力輸出市場の萎縮，ヨーロッパにおける環境規制，厳しい排出ガス規制の導入により，前年比 5.9％減少の 267 万 9000 台にとどまった。2009 年には，輸出が前年比 19.9％減少した。メーカー別の完成車（SKD は除く）輸出台数のシェアをみると，トップの現代自動車グループが 86.8％で（うち現代が 59.2％，起亜が 27.6％），2 位は GM 大宇であり，そのシェアは 11.4％である（図表 1-8 を参照）。

韓国自動車市場のもう 1 つの特徴は，輸入車市場が拡大しつつあることである。輸入車市場のシェアが拡大したのは，海外自動車メーカーの新車種投入だけでなく，FTA 締結による関税引き下げも大きな原動力であることが考えられる。韓国自動車産業研究所（2013）によれば，韓国の輸入車市場は 2007 年に年間 5 万台を突破し，韓-EU FTA が発効された 2011 年には年間輸入台数が 10 万台を超え，その市場シェアは 8％に達した。2012 年には韓-米 FTA

図表1-8　メーカー別自動車輸出台数推移

メーカー	2004	2005	2006	2007	2008	2009
現代	1,124,207	1,131,211	1,032,052	1,076,084	1,099,219	911,088
GM大宇	456,639	544,809	640,539	807,729	738,530	736,024
起亜	761,637	838,513	871,233	840,822	702,916	429,259
双龍	32,533	65,521	60,035	64,073	1,106	1,662
ルノー三星	2,878	3,610	41,320	54,971	3,911	1,907
大宇バス	1,025	1,016	1,363	1,613	43,240	12,747
タタ大宇	644	1,408	1,678	1,846	95,043	56,175
輸出合計	2,379,563	2,586,088	2,648,220	2,847,138	2,683,965	2,148,862

注：単位は台。
出典：韓国自動車産業研究所（2010），266ページより。

が発効され，輸入車台数は年間13万台に達し，台数ベースでの市場シェアは10％に達した。そして売上高ベースでの輸入車市場シェアは25％であった。

第2節　韓国自動車部品産業の現状

第1項　韓国自動車部品産業の動向

1．自動車部品産業の育成

　韓国自動車部品産業の発展過程をみると，部品産業の技術レベルが低く海外技術への依存度が高いのがこれまでの一般的な印象である。とりわけ，完成車組み立てに必要な中核部品は，海外有力自動車部品メーカーとの技術提携或いは輸入に依存して，完成車を組み立てて輸出してきた。一方，前述のように韓国政府は，初期段階から自動車産業を輸出戦略産業として位置づけ，完成車メーカーを保護育成した。このような政策の影響もあり自動車部品産業の育成が遅れ，部品産業の基盤が脆弱な状態にあった。

　そして，もう1つの問題は，部品メーカーはそれぞれ専属した完成車メーカーのみに納入することが多く，部品メーカーは規模の経済性を発揮できず，零細な中小部品企業が多いのが2000年前半までの特徴であった。したがって，同時期までは部品産業の育成と技術開発力の向上，とりわけコア部品の技術力

アップによる競争力強化が急務となったのである。
　以下，韓国政府の自動車部品産業の育成のための政策をみてみよう。1945年12月には乱立していた自動車部品メーカーを整理する朝鮮自動車部品対策委員会が発足した。そして1949年には45社の優良企業を中心とした社団法人の大韓自動車工業協会が設立された。1950年には自動車部品13品目が国産奨励品に指定され，1964年，商工部の輸出振興策により韓国自動車工業協同組合（KAICA）の会員企業9社が輸出転換企業に選定された[53]。部品産業を輸出産業として育成しようとする政府の輸出振興策により，1965年には18社が70万3000ドルの輸出額を達成した。
　1974年の「長期自動車工業振興計画」により，部品メーカーを組立メーカーと分離する政策が打ち出され，車体とエンジンをそれぞれ組み立てメーカーが内製することを義務付け，それ以外の部品は1企業1品目と指定された。1978年には「中小企業系列化促進法」が制定され，エンジンやトランスミッションを除いた部品について自動車メーカーによる内製が禁止された[54]。1980年の「2・28合理化措置」に続いて，政府は自動車部品を輸出産業として育成するため「自動車部品工業の生産性向上対策」を策定した。1986年までに自動車部品輸出を10億ドルとし，資金支援策も強化した。それらはオイルショックによる完成車メーカーの不況克服に大きく寄与した。1982年には「中小企業系列化促進法」が改定され，政府主導の部品メーカー系列化政策はメーカー主導へとシフトした[55]。
　現代自動車は自社の取引部品メーカー122社による「現代自動車協同会」を結成した。これと並んで，自動車部品産業振興財団（KAP）が発足し，産学連携をサポートした。そのため現代自動車が27億ウォン，起亜自動車が13億5000万ウォン，現代モビスが4億5000万ウォン，自動車部品メーカーの146社が6億ウォンをそれぞれ出資した。

2．急成長を遂げた韓国自動車部品産業

　2000年代初めまで，韓国の自動車部品産業は零細だといわれてきた。アジア金融危機以降，韓国の自動車メーカーは8社から5社に再編され，自動車メーカーの再編に伴って自動車部品メーカーの再編も同時に行われた。そして

外資系自動車部品メーカーの韓国進出が積極的に行われ，多くの韓国自動車部品メーカーが外資系部品メーカーに買収された。そのなかでも，欧米大手部品メーカーからの資本参加が多数行われた。万都，デルファイ，星宇，徳洋産業などの71社が，デルファイ，ビステオン，ボッシュなどの大手自動車部品メーカーに続々と買収された。このようなM&A過程を通じて，外資系自動車部品メーカーの韓国進出件数の推移をみると，アジア金融危機以降明らかに増加している。1997年には，外資系部品メーカーが140社あったが，2003年末には計227社が資本・技術提携などの形で韓国に進出した。この227社のうち日系自動車部品メーカーが104社，次はアメリカ系が54社，ドイツが27社に達した[56]。とりわけ，世界の売上高上位10位までの部品メーカーのうち9社が韓国へ進出した。ちなみに，2008年時点の韓国1次部品メーカー889社のうち170社が外資系企業であった[57]。

　自動車部品メーカー数の推移をみると，1997年の3083社から2007年には4557社に増加した。そのうち，完成車メーカーと直接取引をする1次部品メーカー数の推移をみると，アジア金融危機直前の1997年には1279社あったが，再編を経て2003年の878社に減った。ここでいう1次部品メーカーとは，現代，起亜，GM大宇，双龍，ルノー三星，大宇バス，タタ大宇などの完成車メーカーと直接取引をする自動車部品メーカーを指す。1次部品メーカーから脱落した企業は2次部品メーカーに転落し，重層的構造になった[58]。

　アジア金融危機以前，1次部品メーカーのうち，系列別のメーカー数は以下のようであった。現代自動車グループの系列メーカーは57社，大宇自動車，双龍自動車，起亜自動車の系列メーカーはそれぞれ30社，25社，28社あった[59]。その後2005年には922社まで増えたが，2008年には再び889社に減少した。大手企業は2001年の62社から2008年には118社にまで増えた（図表1-9を参照）。

　ちなみに，2006年時点では1次自動車部品メーカーは902社あった（図表1-10を参照）。2008年の889社のうち，大企業が118社（13.3％），中小企業が771社（86.7％）であり，自動車部品産業の零細性がうかがえる。中小企業の基準は，従業員300人未満，資本金80億ウォン以下の2つの条件のうち1つの条件を満たせば中小企業と見なす。これらの中小部品メーカーは直接自

第 2 節　韓国自動車部品産業の現状　37

図表 1-9　韓国 1 次自動車部品メーカー数推移

年	大企業	中小企業	合計
2001	62	819	881
2002	61	787	848
2003	69	809	878
2004	76	837	913
2005	86	836	922
2006	91	811	902
2007	95	806	901
2008	118	771	889

出典：韓国自動車工業協同組合ホームページより作成。

動車メーカーと取引をする一方，2次或いは3次部品メーカーとして1次部品メーカーに部品を供給する場合が多い。そして事業部門からみても，中小部品メーカーの多くは独自の技術力をもっておらず，アルミ鍛造部品，プレス部品，加工部品など低コスト単純加工部品が大多数であることが特徴である。

　次に，従業員規模でみると，1001人以上の企業がわずか28社，50人未満の企業が240社に達する。大企業は2001年の62社から，2008年にはおよそ2倍の118社まで増加したのは，自動車部品メーカーの大型化戦略によるM&Aの結果である。そして，完成車メーカーの再編と同時に，自動車部品メーカーへの外資系企業の吸収合併の結果でもある。このような再編に伴って従来の取引関係が大きく改編され，韓国の自動車部品調達構造にも変化が現れた。特に自動車にとって中核部品といえる駆動系，電装系等同業種の間で競争が激しくなり，吸収合併が盛んに行われた。

　韓国における部品調達は以下の3経路に分けられる[60]。完成車メーカーが直接生産するMIP（Made in plant）部品，国内自動車部品メーカーから調達するLP（Local parts）部品，海外自動車部品メーカーから輸入するKD（Knock down）部品の3種類である。MIP部品には自動車の中核部品ともいえるエンジン，トランスミッション，そして鋳造と鍛造部品などがあげられる。LP部品には，ブレーキ，タイヤ，ガラス，電装品，ゴム，プラスティックなどが含まれる。KD部品は年々減少し，現在は一部の品目に限定されている[61]。

次に，韓国自動車産業の原材料調達状況をみてみよう。鉄鋼などの原材料はPOSCOと現代HYSCOから調達している。国内完成車メーカーの部品調達のうち，外部調達が2001年の60％水準から，2007年には72.1％に増加した。すなわち，自社内生産の比率がその分減ったことを意味し，同時に韓国自動車部品メーカーの競争力の強化を反映する[62]。

3．韓国自動車部品産業の経営動向

自動車部品産業は韓国自動車メーカーの国内外における生産拡大と外資系完成車メーカーのグローバルソーシングの拡大による輸出拡大の結果，売上高は2007年まで増加する傾向であった。図表1-10に示すように，自動車部品の売上高は2003年の32兆ウォンから2007年には50兆ウォンに達した。2008年11月から世界同時不況に陥り，組立用と補修用部品の売り上げは減少し，その影響で，韓国自動車部品売上高合計は49兆6000億ウォンにとどまった。しかし，自動車部品輸出は危機の影響を受けず，2007年の92兆ウォンから2008年には10兆5000億ウォンに増加した（図表1-10を参照）。2009年には，金融危機の影響もあり，売上高は10.2％減少の44兆5000億ウォンとなった。そのうち国内完成車の組立用が34兆2000億ウォンで76.8％を占め，A/S用部品が2兆5000億ウォンで4.6％を占めていた。

韓国自動車部品市場の2008年時点で内訳をみると，完成車メーカー向けの売上比重が一番大きく，組立用部品の売上高は36兆8486億ウォンで77.9％を占めていた。A/S用部品の売上は2兆2019億ウォンで4.4％，輸出用は全体の21.2％を占めていた。売上比重は小さいが，高収益部門であるA/S市場では，

図表1-10　韓国自動車部品売上高推移

区分	2003	2004	2005	2006	2007	2008
組立用	260,602	292,361	326,834	360,004	386,409	368,486
補修用	18,242	20,465	22,878	23,400	23,815	22,019
輸出用	41,544	52,812	67,610	76,704	92,306	105,271
合計	320,388	365,638	417,322	460,108	502,530	495,776

注：単位は億ウォン。「補修用」項目はA/S（アフターマーケット）市場における売上高である。
出典：韓国自動車産業研究所（2010），267ページより。

自動車保有台数の増加に伴って少しずつではありながら，売上は増加する傾向であった（図表 1-10 を参照）。

一方，2000 年代半ばまで，韓国は中核部品の海外輸入への依存度が高い傾向を見せていたが，2007 年以降は，そのような傾向は緩くなり始めた。2007 年の韓国自動車部品輸入を品目別でみると，上位 3 品目はトランスミッション，エンジン，フューエルポンプであった。この 3 品目の比重を金額ベースでみると，輸入総額の 4 割を超える[63]。

2000 年と比べると，もう 1 つの特徴は輸入先の変化である。以前は先進国からの中核部品の輸入比重が大きかったが，2007 年からは，とりわけ中国からの輸入が急増した。2007 年の中国からの部品輸入は 4 億 8000 万ドルから 6 億 7000 万ドルに急増し，自動車部品輸入全体に占める割合も 2.49％から 19.7％に増加した[64]。

4．技術開発力について

韓国では，一次部品メーカーと取引している 2 次，3 次部品メーカーは 5 〜 6000 社を超えている。これらの部品メーカーのほとんどは規模が小さく，とりわけ技術力においては 2000 年代前半までは開発能力に乏しいと一般的に指摘されてきた。たしかに，技術の面で完成車メーカーに依存し，完成車メーカー或いは大手 1 次部品メーカーが提供したコア技術を使って関連部品を生産してきたのである。2000 年前後に行われた多くの研究の結論は「日本の場合，1 次部品メーカーはほとんど部品設計能力を保有しているが，韓国の 1 次部品メーカーの場合，部品の設計開発能力はまだ弱い」，との指摘であった[65]。

現代自動車グループにおいても部品メーカーが独自の技術をもって部品を製造するのはわずかしかなかった。ほとんどの部品メーカーは現代自動車，現代モビスから貸与された図面どおり部品を生産している。90 年の調査によると，6 割弱程度が貸与図方式で圧倒的に多く，協同・委託開発方式が 4 割弱を示すほか，承認図方式は無視できるほど微々たるものである[66]。

2000 年代前半まで，韓国の売上高に占める研究開発費用は先進国に比べて遥かに低かった。図表 1-11 にみるように 1996 年から 2001 年までの R&D 比率は年々減少する傾向である。1995 年の 2.7％から 2001 年には 0.77％まで減

図表 1-11　韓国自動車部品メーカーの R&D 比率

年	1996	1997	1998	1999	2000	2001
R&D 率	2.9%	1.7%	0.7%	0.9%	0.91%	0.77%

注：売上高に占める R&D 費用の比率である。
出典：韓国自動車工業協会 (2005), 537 ページ。

少した（図表 1-11 を参照）。しかし，2000 年代後半からは，韓国自動車部品産業の売上に占める R&D 比率は，少しずつではあるが，増加する傾向にある。2009 年には，韓国自動車部品産業全体の R&D 比率 3.4％までに上がった。しかし，同年の外国平均である 4.2％に比べるとまだ低い水準にあった。とりわけ中小協力メーカーの場合は 2.6％と低く，これからも技術力の育成を必要とする[67]。外国の主要自動車部品メーカーの R&D 比率をみると，2008 年時点でボッシュとデンソーが 7.7％で，アイシン精機は 4.3％に達する。韓国では，2000 年代後半から独自開発の技術をもっている企業が増えつつあり，その R&D 比率は毎年増える傾向である。例えば，万都，WIA，LG 化学などがそうであり，海外自動車・同部品メーカーからその技術力を認められており，受注も増える傾向にある。LG 化学は電気自動車用バッテリー開発に着手し，変速機専門メーカーの現代 WIA は現代自動車グループの販売増加による売上高が急増し，その規模はそれぞれ 130 億ドルと 19 億ドルであった[68]。

韓国の上場部品メーカー 50 社の営業利益率の変動は以下のようである。2008 年の 3.1％から 2009 年には 3.3％とわずか 0.2 ポイントの上昇にとどまった。一方，完成車 5 社は同期間に 3.6％から 5.0％に増加した。すなわち，韓国の自動車産業において，利益が完成車メーカーに偏っていることを反映する。なぜならば，完成車メーカーは政府の内需刺激政策（例えば車の買い替えの際に減税するなど）の恩恵を受けており，そのまま利益率に反映されたのである。

しかし，完成車メーカーはこのような税金支援を受けても，部品メーカーに対する部品コスト削減のプレッシャーを緩めなかった。そして，完成車メーカーは部品メーカーより大きい為替差益の恩恵が得られる。具体的な数値でみていくと，韓国自動車部品メーカー 50 社のうち，上位 20 社の営業利益の合計は前年比 5.2％増加したものの，下位 20 社は 33.0％減と大きく減った[69]。部品メーカーの中でも，現代モビス，万都，WIA など，海外完成車メーカーより

技術力を認められ，受注が増えている企業は利益が増えているが，それと反対に，実力のない中小規模の企業は経営に苦しんでいる企業もある。

　次に，韓国の自動車部品メーカーの次世代関連技術の開発動向をみてみよう。ハイブリッドカー用バッテリー関連事業では，とりわけ，LG化学，三星SDI，SKグループが脚光を浴び始めている。

　LG化学はGMのプラグインハイブリッドの「VOLT」にバッテリーを供給し，三星SDIとボッシュの合弁会社SBリモーティブ，SKエナジーなどもバッテリー開発に積極的である。

　LG化学は1990年代末に電池産業に参入した。2007年12月，現代と起亜が生産するハイブリッドカー向けリチウムポリマー電池の単独供給契約を締結した。忠清北道の清原郡の梧倉テクノパークでハイブリッドカー用リチウムポリマー電池を量産し，2009年から投入した「Avante」ハイブリッドに供給している[70]。2009年から海外大手自動車・同部品メーカーと相次いでバッテリー供給契約を締結した。LG化学が提供するリチウムポリマー電池は，リチウムイオン電池に比べ，軽量かつ安全性に優れた次世代製品である。これまでハイブリッドカーに使われていたニッケル水素電池より出力が50％以上高く，軽くてコンパクトな構造でバッテリーシステムが作れるという[71]。

　リチウムイオン電池分野で2008年売上高世界第3位を記録した三星SDIは，ドイツの自動車部品大手ボッシュと折半出資で自動車向けバッテリーの合弁会社「SBリモーティブ」を設立した。BMWなどへの供給が決まり，2011年の量産開始をめざして蔚山に新工場を建設した。そしてSKグループは2007年内にハイブリッドカー向けリチウムポリマー電池の試作に参入した。このほかに，ハイブリッドカー部品開発に参入した韓国系自動車部品メーカーには，コンプレッサーを生産する漢拏空調，動力伝達装置関連で韓国パワートレイン，ワイヤリングハーネスを生産するLS電線，コンバーター関連のADTなどがある[72]。

5．海外進出状況

　次に，韓国自動車部品メーカーの海外進出状況をみてみよう。図表1-12の2004年の韓国自動車工業協同組合（KAICA）の統計によれば，中国への進出

図表 1-12　KAICA 会員社の海外進出状況

国	中国	インド	米国	ポーランド	タイ
工場数	108	15	11	4	3
割合	70.6	9.8	7.2	2.6	2
事業数	74	15	11	3	3
国	トルコ	ウズベキスタン	マレーシア	その他	合計
工場数	2	2	2	6	153
割合	1.3	1.3	1.3	3.9	100
事業数	2	2	2	6	81

注：2004 年時点の進出状況である。
出典：韓国自動車工業協同組合（2007）及びホームページより。

が74社，108工場と一番多く，70.6％を占めている。次にインドが9.8％，アメリカが7.2％という順になっている（図表1-12を参照）。韓国自動車部品メーカーの中国進出状況については，第5章で進出時期別，進出地域別に詳しくみていく。2008年時点で中国に進出した自動車部品メーカーは99社に達し，インドには33社進出している。うち，中国とインド両国に進出したメーカーは28社に達する。中国市場には北京現代と東風起亜両社が進出しており，生産車種もインドより多様で，随伴進出メーカーはインドより多い。

　主な製品名と企業名をあげておこう。エンジン，変速機とコックピット，シャシーモジュールメーカー，ブレーキメーカーは万都，エアコンを含める車空調関連メーカーは漢拏空調，自動車のシャシー及びボディー部品専門メーカーはファシン，マフラーの生産メーカーは世宗工業，バッテリーケーブルを生産しているのは三永ケーブル，ブレーキホース，コンベアベルトを生産しているファスンR&A，ワイヤリングハーネスを生産している京信工業，緩衝装置を生産しているテウォン鋼業，ベアリングを生産している日進ベアリングなど，主要部品メーカーはアメリカ，ヨーロッパ，インド，中国などに続々と随伴進出している。

　金融危機以降，グローバル自動車市場における需要構造が変わり始めた。価格に比べて品質の良い車の販売が好調で，現代自動車の販売も急速に増え続けている。それと連動して，現代自動車の随伴進出自動車部品メーカーの稼働率

も上昇した。現代自動車の海外における稼働率は 2009 年の 88.1％から，2010 年には 95.7％に，起亜自動車のそれは 2009 年の 70.7％から 2010 年には 80.1％に増加すると見込まれた[73]。2010 年に入って，韓国自動車部品メーカーの海外完成車メーカーからの受注額は増え続け，韓国自動車部品メーカーの海外進出が増えた。

第 2 項　韓国自動車部品メーカーの新しい動き

1. 韓国自動車部品メーカーの受注増加

2006 年以降韓国自動車部品業界では新しい動きが出始めた。とりわけ，金融危機以降，完成車メーカーの低価格車の投入が続々と行われ，韓国自動車部品メーカーからの調達が急増した。環境，安全規制，燃費向上の規制が強化され，電装部品の装着が増加されたのである。そして，ハイブリッド，電気自動車などの拡大により，その関連部品の受注も増加した。

中国に随伴進出した部品メーカーの多くは，すでに損益分岐点を越えた状態にあり，受注額の増加によるレバレッジ効果が大きいと考えられる。2009 年 3 月に GM に選定された 76 社の優秀自動車部品メーカーのうち 17 社が韓国の自動車部品メーカーである。ちなみに，2005 年までは 5 社しか入ってなかった。2009 年韓国の自動車部品メーカーが GM から受けた受注額は約 10 億ドルに達し，2003 年に比べると 2 倍に増加した[74]。

BMW は 2010 年に入って，韓国自動車部品メーカー 12 社と部品供給契約を締結した。12 社には，現代モビス，三星 SDI（ドイツのボッシュ社の合弁企業），韓国タイヤ，錦湖タイヤ，万都の 5 社のほか，中小部品メーカー 7 社が含まれる。三星 SDI は BMW の電気自動車にバッテリーを，現代モビスは「New 3」シリーズにリアランプを，万都はキャリパーブレーキを，それぞれ供給するという契約であった。BMW の購買担当者は「韓国自動車産業の規模が大きくなり，部品メーカーも規模の経済を達成し魅力的市場になった」，「今後韓国自動車部品メーカーからの部品調達を増やす計画である」，「企業規模には拘らず，技術力さえあれば BMW は契約を締結する意思がある」と明言した[75]。韓国自動車部品メーカーの技術力が世界に認められ始め，新しい時代が到来したことを意味する。

2．韓国の有力自動車部品メーカー

　韓国の有力自動車部品メーカーをみていくと、電装製品、ナビゲーションの生産には現代モビスと現代 AUTONET がある。ちなみに現代 AUTONET は、2009 年に現代モビスに合併された。自動変速機を含むトランスミッションの生産メーカーには、現代 POWERTECH, DYMOS などの企業があり、運転席、ステアリングモジュールの生産メーカーには現代 WIA がある。エアコン、コンプレッサーなど空調装置の生産メーカーには漢拏空調が代表であり、ブレーキ関連の生産メーカーには万都、現代 KASCO などリードしている。ほかに、最近注目されるハイブリッドカーの中核部品であるモーターを生産している現代 ROTEM、自動車用プラスティックを生産する現代エコプラスティックがある（図表 1-13 を参照）。

　とりわけ、現代モビスは 2006 年以降、海外大手自動車メーカーからの受注が増えており、現代モビスの 2008 年 OEM によるモジュール事業の売上高は 6 兆 3000 億ウォン弱に達し、全体の 67.3％を占めた。ちなみに 2008 年の現代モビス営業利益率は 12.7％に達した。そのうちモジュール事業による営業利益率は 6.6％程度であるのに対して、部品事業は 24.3％と収益が高く現代モビスの主要収益源でもある。しかし、売上高に占める R&D 費用は、デンソーの 7.7％に対して、現代モビスは 1.3％に過ぎない[76]。

図表 1-13　韓国の有力自動車部品メーカーと主要製品

有力自動車部品メーカー	主要製品
現代モビス、現代 AUTONET	電装部品、ナビゲーション
現代 POWERTECH, DYMOS	変速機（AT 含む）
現代モビス、現代 WIA	運転席、ステアリングモジュール
漢拏空調	エアコン、コンプレッサーなどの空調装置
現代モビス、現代カスコ、万都	ブレーキ、ABS
現代エコプラスティック	自動車用プラスティック
現代 ROTEM	ハイブリッドカーの中核部品（モーター）
万都	ブレーキシステム、ステアリング、サスペンション

　注：現代自動車内部でもエアコンなどを生産している。
　出典：各社ホームページより。

現代モビスの傘下には，ランプを生産する現代 IHL，自動変速機を生産する現代 POWERTECH，現代 DYMOS などがある。万都は，制動装置，ステアリング装置，懸架装置などを生産しており，その供給先は現代自動車と起亜自動車である。2007 年基準で，売上高の 54.2％は現代・起亜，29.9％は海外輸出によるものである。万都の海外からの受注も増える傾向にある。

3．「Top 100 Global Suppliers」にランクインした企業

図表 1-14 はアメリカの自動車業界専門紙『Automotive News』が発表した「Top 100 Global Suppliers」をもとに，国別企業数を時系列に整理したものである。全体としてみれば，時系列にアメリカの自動車部品メーカーがランクを落とし，日本及びドイツのサプライヤーが著しい伸びを見せている。ドイツは 2012 年時点で日本より少ないものの 21 社もランクインして，競争力のある自動車部品産業を有している。また，巨大新興市場である中国やブラジルのサプライヤーがランキング入りを果たしたことも注目すべきである。2012 年の売上高上位 100 社の自動車部品メーカーを国別統計でみると，日本が 29 社，アメリカが 25 社，ドイツが 21 社，韓国が 5 社ある。とりわけ，上位 100 位入りの日系自動車部品メーカー数は年々増える傾向にある。

それでは，韓国の自動車部品メーカーの競争力はいかなる位置をしめているのか。図表 1-14 からみても一目瞭然であるが，ランクインした韓国の自動

図表 1-14 自動車部品サプライヤー上位 100 社ランキングの国別企業数

地域	国	1999	2000	2001	2002	2003	2004	2005	2006	2007	2008	2009	2010	2011	2012
北米	アメリカ	42	40	41	37	37	36	32	27	29	28	27	27	27	25
	カナダ	4	3	2	3	2	3	2	2	2	2	2	3	3	3
	メキシコ	1	1			1			1	1	1	1	1	1	1
アジア	日本	17	20	24	22	25	26	28	26	26	27	30	29	29	29
	韓国		1		1	1	1	2	2	2	2	4	4	4	5
	中国													1	1
ヨーロッパ	ドイツ	15	16	17	19	16	18	18	23	22	22	18	18	19	21
	フランス	8	9	7	8	8	7	7	7	6	6	4	4	4	3
	スペイン				1	1	1	1	1	1	2	2	2	3	3
南米	ブラジル														1

出典：Automotive News「Top 100 Global Suppliers」各年版により作成。

車部品メーカーの数が徐々に増えつつある。2008年時点でグローバル100大自動車部品メーカーに入っている韓国系企業は2社のみであった。すなわち，2008年までは，万都と現代モビスの2社が韓国系自動車部品メーカーの代表とも言われてきたが，2008年以降は，2社以外の自動車部品メーカーの躍進も顕著である。技術力の蓄積により海外自動車メーカーからの受注が増えている現代WIA，次世代自動車関連部品開発に力を入れているLG化学，そして現代POWERTECH，現代大モスなどが上位100位に入ったのである。

「Top 100 Global Suppliers」を2012年から2000年まで遡ってみると，2000年時点では，Top100に入る企業は万都しかなかった。同年のランクは97位であった。2005年に現代モビスが初めてランクインされて，2008年までトップ100社以内に入っている韓国系企業は現代モビスと万都しかなかった（図表1-15を参照）。2009年には現代WIAが65位，LG化学が6位に入り，さらに

図表1-15 「Top 100 Global Suppliers」に入った韓国系企業

	2000		2004		2005		2006		2007	
			売上	順位	売上	順位	売上	順位	売上	順位
LG化学										
現代モビス					4,869	25	5,686	25	9,095	27
万都	854	97	1,195	92	1,797	84	1,958	77	2,392	76
WIA										
現代DYMOS										
現代Powertech										
	2008		2009		2010		2011		2012	
	売上	順位	売上	順位	売上	順位	売上	順位	売上	順位
LG化学			13,080	6	3,294	53				
現代モビス	8,845	19	11,209	12	14,433	10	18,864	8	21,351	8
万都	2,200	73	2,137	61	3,294	53	4,115	50	4,689	4
WIA			1,906	65	3,827	82	5,255	40	5,885	38
現代DYMOS							1,790	86	1,935	90
現代Powertech							2,645		2,858	70

注：単位は百万ドル。
出典：Automotive News「Top 100 Global Suppliers」各年版。

その2年後に現代DYMOSと現代POWERTECHがランクインした。2012年時点で、Top10位に入った韓国自動車部品企業は5社に至る。

ちなみに、2012年のGlobal Supllier 1位はドイツのボッシュで、2位がデンソー、3位がコンチィネンタルであった。2012年のTop100にランクインした企業を国別でカウントしてみると、トップが日本で29社、2位がアメリカで25社、3位がドイツで21社である。韓国が5社ランクインし4位である。カナダ、フランス、スペインは、それぞれ3社ランクインした。

2009年にランクインしたLG化学はバッテリーメーカーである。LG化学は、電気自動車開発の拡大とともに、現代自動車グループだけでなく海外大手自動車メーカーからの受注も増え、同年に130億ドルの売上高を記録し、一気に第6位に浮上したのである。現代WIAは2009年に初めてランクインしてから、2012年は58億ドルの売上高を記録し、38位にランクした。

現代モビスの売上高は213億ドルに達し、2008年より11位ランクアップして8位の座を占めた。万都は46億ドルの売上高を記録し46位にランクされた。2008年より27位ランクアップしたのである(図表1-15を参照)。2011年にランクインした現代DYMOSは90位、2012年に初めてランクインした現代POWERTECHは70位を占めている。現代モビス、万都のような大手一次部品メーカーは海外大手自動車メーカーや部品メーカーからの受注が増える傾向にある。万都はブレーキ、ステアリング、サスペンションに強く、昔から「技術の万都」と呼ばれており、欧米企業との取引だけでなく日産をはじめとする日系企業への部品供給も着実に増えている傾向にある。

Top 100にランクインした企業数が増えたのは、各社がモジュール開発をはじめとする先端制動装置、エアバッグシステム、ステアリングシステムなど高付加価値部品において、絶えず技術力向上のための努力を怠らなかった結果であるといっても過言ではない。

第3項　モジュールメーカーの誕生

1. 韓国のモジュールメーカー

韓国自動車産業における特徴の1つは、部品製造の外製率が高いことである。韓国ではアジア通貨危機以降、対立的労使関係への対処のため、賃金格差

図表 1-16　韓国のモジュールメーカー

モジュール区分	生産,開発メーカー	技術提携先
コックピット	現代モビス,徳洋産業	Textron,ビステオン
シャシー	現代モビス,万都,WIA	ZF,ビステオン
フロントエンド	漢拏空調,万都	ビステオン
ドア	平和精工,韓日イファ	Valeo,河西工業
リアエンド	万都	ボッシュ

出典：韓国産業銀行（2002），現代モビス『事業報告書』各年版，各社ホームページより作成。

を利用するアウトソーシングを始めた。前述のとおり，2000年以前まで，韓国系部品メーカーのほとんどは規模が小さく，完成車メーカーが提供したコア技術を使って関連部品を生産していた。そして，韓国政府の専門部品メーカーを育成するための政策の実施により，1社の部品メーカーが複数の自動車メーカーに部品供給を行ってきた。

　このような自動車部品産業の特徴を基に，韓国では1997年頃からモジュール化導入に関する議論が行われた。1997年に大宇自動車の新型車「ヌビラ」を開発する際に，初めてエアコンモジュール方式が適用され，大宇郡山工場もモジュール生産を考慮して設計されたのである。1999年には，現代自動車がシャシーモジュール，起亜自動車がコックピットモジュールを導入した[77]。

　その後，現代自動車は現代モビスという専門モジュールメーカーを中心に，積極的にモジュール生産を進めてきた。モジュール生産方式の導入により，それまで完成車メーカーと直接取引を行った部品メーカーが現代モビスへ納入することになり，従来の1次部品メーカーから2次部品メーカーという位置づけになった。そしてモジュール化により，購買管理業務，特に財務上の負担が，完成車メーカーからモジュール部品・ユニット部品メーカーに移ったのである[78]。

　上記の図表1-16は，アジア通貨危機以降，モジュール化を導入した韓国自動車部品メーカーである。コックピットモジュールにおいては，現代モビス，徳洋産業がTextron，ビステオンとの技術提携でモジュール生産を始めた。シャシーモジュールにおいては，現代モビス，万都がZF，ビステオンとの技術提携で，フロントエンドモジュールにおいては，漢拏空調，万都がビステオ

ンとの技術提携でモジュール生産を始めた[79]。

　徳洋産業はビステオンとの技術提携により，1999年から現代自動車の7車種にコックピットモジュールを供給した。漢拏空調は，ラジエーター，コンデンサー，ヘッドランプ，バンパーなどを一体化したフロントエンドモジュールを開発した。このモジュール部品は現代自動車の「クリック」に搭載された。万都は，他にボッシュと技術提携でリアエンドモジュールの生産も始めたが，2002年に現代モビスにモジュール事業を売却し，シャシーモジュールの中核部分であるブレーキシステム，ステアリングシステム，サスペンションシステムの開発生産に集中した。

2．独立系の万都について

　まず万都の企業概要をみてみよう。万都の前身は，現代グループの創立者である鄭周永の弟鄭仁永が1962年10月に設立した株式会社現代洋行である。1980年2月に社名を万都機械㈱に変更したのである。万都が所属されていた漢拏グループは1996年時点では，18社の系列企業をもつ大グループであったが，アジア金融危機を契機にグループが経営破綻し，万都はSunsageに売却されてしまい，漢拏グループから離脱したのである。1999年11月には，社名を株式会社万都に変更した。2008年1月，漢拏建設はSunsageが保有する万都全株式72.4%を買収した[80]。2008年11月に，漢拏は漢拏Stackpoleの49%の株を万都に譲渡した。

　万都は韓国ナンバーワンのブレーキメーカーであり，国内外に10カ所以上の生産拠点をもっている。韓国国内における工場をみると，1988年3月にブレーキを生産する平澤工場と鋳物およびステアリングを生産する江原道原州工場を，1995年9月にサスペンションを生産する全羅北道益山工場を設立した。ブレーキ事業はさらにABS（Antilock Brake System）工場とCBS（Conventional Brake System）工場から構成される。生産規模は，制動装置，ステアリング，懸架装置などの3工場合わせて年間350万基に及ぶ。1984年4月に器興中央研究所を設立し，自動車の電子化，軽量化，高機能化分野の研究を行ってきた。2009年時点で，京畿道平澤工場の従業員は1235名で，原州工場の従業員は1208名，益山工場の従業員は526名である[81]。

京畿道龍仁市と平澤市の2カ所に研究所を持っているほか，中国で北京市（2003年）と上海市（2005年）に研究開発拠点を設立した[82]。韓国国内最大のシャシー部品サプライヤーで，売り上げ規模は1兆6000億ウォンに達する。アジア金融危機以前は，万都が韓国の自動車部品産業をリードしたといっても過言ではない。しかし，危機後漢拏グループの解体で力が弱まり，逆に現代モビスが浮上したのである。なお，現代モビスのモジュール事業における統廃合過程については，第3章で詳しく考察する。

同社の主な取引先をみると，韓国国内では現代自動車グループの現代と起亜，GM大宇である。海外ではGM，フォード，Daimler-Chrysler，OPELなどと取引をしている。現在は韓国で最大のシャシー系部品サプライヤーで，売り上げ規模は1兆6000億ウォンに達する[83]。

万都の売上高のうち現代との取引額は7割を占めていた時期もあった。このような現代自動車への依存度を緩めるために，万都は積極的に新しい取引先を開拓している。万都は2007年から5年間総額1億2500万ドル規模のEPSをロシアのAutoVAZに供給する契約を締結した。AutoVAZは年間生産能力が100万台に達するロシアの最大自動車メーカーである。また万都のEPS（Electric Power Steering：電動パワーステアリング）が搭載される車はヨーロッパに輸出されはじめたが，それまでは，GM，フォード，DCXなどアメリカのビッグ3と中国完成車メーカーに部品を供給していた。このほか，ロシア大手自動車部品メーカーのDAAZにマスターシリンダーを供給していたが，2007年の契約によって，直接完成車メーカーに納品することができた。奇瑞が外部調達するABS（Antilock Brake System）製品の一部は万都からの供給によるものである。万都は2009年7月から5年間GMアメリカ本社にABSとESC（Electronis Stability Control）システム製品であるMGH-60とMGH-ESCを供給することになった。さらに，ヨーロッパの取引先も開拓している[84]。

3．YD社の事例[85]

その中でも独自設計能力をもっている韓国系自動車部品メーカーは増えつつある。

韓国におけるコックピッドモジュールの生産は，現代モビスのほかに，YD社，㈱DBI，VIK㈱の4社寡占体制となっている。現代モビスとYD社は現代自動車グループに，㈱DBI，VIK㈱はGM大宇，ルノー三星，双龍3社に供給している。現代モビスのモジュール化については，第3章で検討することとし，ここではコックピッドモジュールメーカーのYD社の事例で，韓国モジュールメーカーの開発力をみてみよう。

　自動車内装部品専門メーカーであるYD社は，1977年に蔚山で設立され，1987年に技術開発研究所を設立した。1988年にはTextron Automotive Companyと，1995年4月にはNihon Toksu Troyo Co. Ltdと，それぞれ技術提携を行い，以降研究開発を絶えず深めてきた。1999年にモジュール化の推進のために，ビステオンと資本提携した。YD社の主要生産製品は，コックピッドモジュール，クラッシュパッド（Crash Pad），アンチバイブレーションパッド（Anti Vibration Pad）である[86]。

　モジュール供給では，1999年に現代自動車の「EQUUS」にコックピットモジュールを供給し始め，以降，「GENESIS」，「VERACRUZE」，「AVANTE」，「i30」などの車種に組み付けられるコックピッドモジュールも供給している。同社の2010年の『事業報告書』によれば，2009年12月時点で，従業員は726名に達する。うち，研究開発部隊は50名を数える。2009年の研究開発費94億7000万ウォンに達する。2009年の売上高は5億9000万ウォンに達し，うち，Crash Padなどの自動車内装関連売上が95％に該当する5億6000万ウォンに達する。

　YD社は現代自動車の1次部品メーカーであり，現代自動車の新車開発企画段階から開発に参加し，部品の金型なども製作する。コックピットモジュールにおけるYD社と現代自動車の分担をみると，コックピッドモジュールのデザインは完成車メーカーが遂行し，YD社はデザイン図面に沿ってモジュールの設計と生産を担っている。水原の研究所で設計をし，蔚山の本社とその他生産工場で設計図面を共有することになっている。コックピッドモジュールの開発には，設計から開発まで2年間かかると一般に言われている。量産段階で設計が変更されることもある[87]。

　モジュール生産では，現代モビスと同様JIS（Just In Sequence）方式で行っ

ている。コックピットモジュールには，800～1400種類にいたる多様な仕様があり，組み立て時間は仕様によって違うが，1台の組み立ておよそ90分から120分がかかる。YD社は2006年にRFIDシステムも構築し，以降，異種及び欠品防止システムも導入した。RFID技術を導入する前は，時間当たり7件の異種組立ミスが発生したが，導入後は3件に減った[88]。

注

1　アジア通貨危機以前の発展過程については，韓国自動車工業協会（2005）『韓国自動車産業50年史』と加藤（1989），丸山（1994）をもとに整理した。
2　前掲『韓国自動車産業50年史』，115ページ。
3　マイクロバスの生産能力は月10台程度であった。
4　前掲『韓国自動車産業50年史』，123ページ及び126ページ。
5　韓国自動車工業協会（KAMA）は1988年9月に設立した。自動車メーカー5社が独立して設立した組織である。
6　自動車を廃車した場合，黄色い証明ステッカーを発給され，それがないと新車登録ができない。
7　「5・8ライン」とも称する（前掲『韓国自動車産業50年史』，121ページ）。
8　前掲『韓国自動車産業50年史』，130ページの表による。
9　同上書，131ページ。
10　双龍自動車ホームページによる。
11　前掲『韓国自動車産業50年史』，131-132ページによる。
12　A/S部品とはアフターサービス市場における補修用部品のことである。本書ではA/Sに統一する。
13　前掲『韓国自動車産業50年史』，132ページの表「主要自動車部品メーカー現況」と133ページの表「従業員規模別自動車及び部品製造企業現況」より。
14　前掲『韓国自動車産業50年史』，139ページ。
15　自動車は出荷形態によって，完成車状態のCBU，SKD，CKDに分けられる。SKD（Semi knock Down）は「現地でボルト，ナット類で組み付け可能な程度に分解するもの」であり，CKD（Complete Konch Down）は「部品単位で完全分解された形態で輸出され，現地で溶接，塗装，艤装を行うもの」である（加藤（1989），53ページ）。
16　前掲『韓国自動車産業50年史』，139-155ページ。
17　前掲『韓国自動車産業50年史』，157-158，166-170ページ。
18　加藤（1989），55ページ。前掲『韓国自動車産業50年史』，148ページ。
19　前掲『韓国自動車産業50年史』，148ページ。
20　同上書，165，168ページ。
21　加藤（1989），235ページ。
22　前掲『韓国自動車産業50年史』，170-172ページ。
23　同上書，151ページ。
24　同上書，188ページ。
25　同上書，216ページ。
26　同上書，216-219ページ。
27　同上書，241ページ。

28　同上書，245ページ。
29　韓国自動車工業協同組合（KAICA）は1962年に設立された。その前身は大韓自動車工業協会である。現代，起亜のような完成社メーカーだけでなく，中小自動車部品メーカーも会員として加わっている。
30　丸山（1994），111ページの表「自動車分野の技術導入によるロイヤリティー支給現況」より。
31　韓国自動車メーカーの概況については，各社ホームページ，前掲『韓国自動車産業50年史』，加藤（1989），丸山（1994）をベースに整理した。
32　韓国自動車産業研究所によれば，それまでは，昼夜2交代制を実施していた。すなわち，昼間午前8時～午後6時）と夜間（午前9時～午後7時）の2つの班がそれぞれ10時間ずつ勤務してきたが，新制度では，午前6時50分から8時間勤務の班と午後3時30分から9時間勤務の2つの班を設けることによって，徹夜勤務を実質的に廃止したのである。操業時間も3時間短縮されたことになる。
33　起亜自動車ホームページの「起亜自動車沿革」と前掲『韓国自動車産業50年史』をベースに整理した。
34　前掲『韓国自動車産業50年史』，171ページ。
35　双龍自動車ホームページの「双龍自動車沿革」と前掲『韓国自動車産業50年史』をベースに整理した。
36　上海汽車ホームページによる。
37　「双龍自動車買収優先交渉者，インドのマヒンドラに」『中央日報』2010年8月15日。
38　大宇自動車ホームページの「大宇自動車沿革」と前掲『韓国自動車産業50年史』をベースに整理した。
39　前掲『韓国自動車産業50年史』，188ページ。丸山（1994），116ページによる。
40　現代自動車ホームページの「現代自動車沿革」と前掲『韓国自動車産業50年史』をベースに整理した。
41　それまで新進が自動車を独占供給してきたが，「三元化」方針により亜細亜自動車と現代自動車が新規参入できたのである（前掲『韓国自動車産業50年史』，148ページによる）。
42　前掲『韓国自動車産業50年史』，172ページによる。
43　同上書，268ページによる。
44　加藤（1989），167ページ。
45　丸山（1994），114ページ。
46　ルノー三星自動車ホームページの「ルノー三星自動車沿革」と前掲『韓国自動車産業50年史』をベースに整理した。
47　ルノー三星自動車ホームページによる。
48　現代自動車（2010）『事業報告書』。
49　同上書。
50　韓国自動車産業研究所（2009），（2010）による。
51　起亜自動車（2010）『事業報告書』，25ページ。
52　韓国自動車産業研究所（2010）より。
53　加藤（1989），234ページ。
54　高（2002），33ページ。
55　李（2004），48ページ。
56　韓国自動車工業協会（2009），534ページ。
57　韓国自動車工業協同組合（2009），28ページ。
58　韓国自動車工業協会（2009），534ページ。
59　Cho, Jung（2001）。

60 現代自動車(2010)『事業報告書』,23 ページ。
61 同上書,24 ページ。
62 「国内自動車部品産業の成長戦略」『KAMA ジャーナル』248 号,2009 年 11 月。
63 韓国自動車工業協会(2008)による。
64 「国内自動車部品産業の成長戦略」『KAMA ジャーナル』248 号,2009 年 11 月。
65 2009 年 2 月,R 社訪問時の提供資料「韓国の自動車部品産業」による。
66 JO(2009),87-89 ページ。
67 「トヨタ事態を他山の石に」『KAMA ジャーナル』254 号,2010 年 5 月。
68 LG 化学と現代 WIA のホームページによる。
69 「昨年の営業益は 0.3%減に」『NNA.ASIA』,2010 年 6 月 11 日。
70 「LG 化学,現代起亜ハイブリッドカー用リチウムポリマー電池供給メーカーに選定」『LG 化学技術研究院ニュース』2007 年 8 月 15 日。
71 LG 化学ホームページによる。
72 「リチウムイオン電池,韓国企業が一気に台頭」『朝日新聞』2010 年 8 月 15 日。
73 「自動車部品市場展望」『韓国経済』2010 年 9 月 12 日。
74 「韓国自動車部品メーカー海外進出拡大」『中央日報』2010 年 3 月 12 日。
75 「BMW 韓国産部品を拡大」『Edaily』2010 年 9 月 5 日。
76 現代モビス(2009)『事業報告書』より。
77 コクピットモジュールは,インスツルメントクロスビーム,HVAC(Heating, Ventilating & Air-Conditioning systems),エアコン用ダクトとグリル,メーターアッセンブリー,オーディオ&エアコンコントロール盤,ナビゲーションシステム,ランプ等コンビネーションスイッチ,ステアリングコラム&シャフト,イグニッションキースイッチ,ABC(アクセル・ブレーキ・クラッチ)ペダル,グローブボックス,インスツルメントパネル,デフロスターノズル,メーンハーネス,アンダートレイ,助手席側エアバッグより構成される(現代モビスホームページより)。
78 現代モビス(2007)『現代モビス 30 年史』による。
79 フロントエンドモジュールは,主にバンパーフェイシア,ラジエーター,コンデンサー,ラジエーター コアサポート,フードラッチ,フードステイ,冷却ファン,リザーバータンク,ヘッドランプから構成される(現代モビスのホームページより)。
80 「漢拏,自動車部品メーカー万都を買収」『東亜』2008 年 1 月 21 日。
81 万都ホームページによる。
82 万都中国法人ホームページによる。
83 万都ホームページによる。
84 「万都,GM より 10 億ドル規模の車部品を受注」『Edaily』2006 年 11 月 9 日。
85 同社のホームページと『事業報告書』各年版により整理した。
86 同社ホームページによる。
87 2005 年 5 月のインタビューによる。
88 「2008IT イノベーション大賞受賞企業」『ETNEWS』2008 年 12 月 5 日。

第2章
現代自動車グループの活躍

第1節　現代自動車の構造調整
第1項　現代自動車の統廃合過程[1]
1．現代グループから独立

　鄭夢九は1999年に現代自動車の会長になり統廃合作業を進めた。まずそれまで現代自動車の会長であった鄭世永の保有株を買収し，現代精工を現代モビスに改編した。以降，現代自動車，起亜自動車，現代モビスを中軸とした構造改革が続々と行われた。

　1999年4月に現代自動車の販売業務とA/S（アフターサービス）事業を担当してきた現代自動車サービスという会社を統合し，6月には現代精工の車両部門まで現代自動車に統合した。それまで現代精工の車両部門では「GALLOPER」，「SANTAMO」などを生産していた。それと同時に，起亜系列企業であった起亜自動車，起亜自動車販売，亜細亜自動車，亜細亜自動車販売，起亜大田販売などの5社を合併した[2]。このほかに，現代自動車が保有していた工作機械事業はWIAに譲渡した。

　以下現代自動車グループの2000年以降の構造調整過程についてみていこう。2000年8月には，現代自動車は現代グループから離脱し，自動車事業に集中することになった。現代グループからの独立は，より果敢な統廃合による構造改革の契機となった。2001年4月には現代自動車グループとして新しく出発したが，当時，同グループの傘下には計16社の系列会社があった。

　2001年9月には，現代商用エンジン，起亜タイガーズが，11月には，ROTEM㈱，現代カード㈱，現代キャピタル資産管理，First CRVが系列に編入された。2002年4月にはWIA㈱，BONTEC㈱，コリア精工㈱，WISCO㈱の4社が，9月には，㈱BONTEC電子，11月にはEMCOが系列に編入さ

れた[3]。

　2003年の6月と11月には，それぞれエコーエナジーと亜州金属工業が，2004年4月にはアポロ産業，車用ランプ生産企業のInhee Lighting，エイランドの3社が系列に編入された。他に，2002年12月にコリア精工が現代DYMOSに，2003年6月にFirst CRVが現代カードに，2004年4月にe-EHD.comがWIAに吸収合併されるなど，M&Aが多発した。2004年11月には現代商用エンジンが現代自動車に吸収合併され，系列社は合計28社に達した[4]。

　2005年2月には，MSEAT㈱がDYMOS㈱の株を取得し系列に入り，他にもこの年に12社が系列に編入された。2006年2月には，㈱BONTECが現代AUTONETに吸収合併され，2007年6月には，㈱KASCOが現代モビスに合併された[5]。

　ちなみに，海外でも2004年に設立された現代・起亜持株会社も統合によるものである。北京現代，東風悦達起亜，北京現代モビス，江蘇モビス，青島INI機械有限公司などの10社あまりの中国法人を総括するためである。

　こうして現代自動車は現代グループの資金運用の制約を受けることなく，積極的な海外投資を行うことが可能となった。現代自動車グループにおける自動車部品事業に関する統廃合は，第3章第1節の現代モビスにおける「選択と集中による統廃合過程」で詳述する。

2．研究開発機能の統合

　車両事業部門における統廃合に続いて，研究所と開発部門における統合作業も行われた。1999年以前には，現代，起亜，現代精工，亜細亜自動車はそれぞれ研究所をもっていた。現代自動車はこれらの8つの研究所を統合して4つの製品開発研究所（蔚山，南陽，所下里，全州）とデザインセンター，先行研究所に改編したのである[6]。

　まず，各研究所の統合される前の研究分野をみてみよう。蔚山では小型乗用車と小型商用車を開発，南陽では重大型乗用車開発，デザインセンターでは乗用車と商用車のスタイリング，先行研究所では先行技術開発に集中していた。当時の開発部隊をみると，蔚山は937名，南陽は1359名，所下里は1096

名,パワートレイン研究所は909名,デザインセンターは174名,先行研究所は259名であった[7]。蔚山研究所の前身は,1974年に設立された現代技術研究所である。国内最初の固有モデルであった「PONY」をはじめ,「EXCEL」,「GRANDEUR」,「SONATA」,「ELANTRA」,「AVANTE」などの乗用車,「スターレクス」などの商用車を開発した。南陽研究所は1986年に稼働し,軽自動車,小型乗用車,商用車に加えて,SUVの開発も行った。所下里研究所は起亜の乗用車全車種と小型商用車の開発を担当してきた。当初は「PRIDE」,「SPORTAGE」などの商用車を,1981年からは「ボンゴ」などの小型商用車,1996年からは「CARNIVAL」,「CARENS」などのMPVを開発してきた。先行研究所はエンジン,トランスミッション技術などの開発に携わり,それまでに,「ベータ(β)」,「デルタ(δ)」,「シグマ(σ)」などのガソリンエンジンとディーゼルエンジンを,計8種類を開発した。他に燃料電池などの分野の研究も行ってきた。

1999年初,鄭夢九は「南陽研究所(の技術)が一番優れており,蔚山研究所と起亜自動車の所下里研究所の技術が遅れているので,南陽に統合しろ」,との指示を下した[8]。そこで,1999年2月に現代自動車は起亜自動車と統合して研究開発本部を発足し,研究開発機能を南陽研究所に統合する作業が始まったのである。まず,それまで所下里研究所で行われてきた起亜自動車のパワートレイン関連研究部門を南陽研究所に統合し,パワートレイン以外の研究部門に関しても2003年5月までに統合を完了させた。2004年には現代自動車と起亜自動車両社のエンジン及び変速機生産技術開発組織を統合してパワートレイン生産技術センターを新設した。起亜自動車は現代自動車に買収されるまでの数年間,経営難に陥りR&D投資を疎かにしていた。そこで,起亜自動車のエンジンの品質が下がってしまい,現代と起亜の研究開発機能を統合することによって,両社の技術格差をなくそうとしたのが,鄭夢九の狙いであった[9]。

このように,研究開発機能の首都圏への移転が続々と行われ,2003年までに蔚山研究所の研究開発機能の移転も完了させた。以上のようなR&D機能の統合による改編後,現代自動車はプラットフォームと部品共通化を通じて,新車開発期間を短縮し,製品競争力の強化と次世代技術開発に力を入れてきた。

3．プラットフォームの統合と部品の共通化

次は，現代と起亜両社の車両プラットフォームの統合，部品の共通化における推進過程をみてみよう。1999年時点では，現代自動車には5つのプラットフォームで8モデルを，起亜では8つのプラットフォームで8モデルを生産していたが，これらのプラットフォームを統合することにより，両社は共通のプラットフォームを使うことになった[10]。

ちなみに，「AVANTE XD」，「CERATO」，「EF SONATA」，「OPTIMA」，「TUCSON」，「SPORTAGE」などは共通プラットフォームで生産された車である。両社合わせて20以上もあったプラットフォームを半数以下に減らし，その結果規模の経済性が確保でき生産コストの削減にもつながった。その後は，部品の標準化，共通化作業も進めた。1999年3月から始めた部品の共通化作業は，2001年にまで続いた。部品の標準化により部品点数を減らしたことで，部品品質管理が容易になっただけでなく，コスト削減効果にもつながった。そして，エンジンなど中核部品においても共通化を進めた。ちなみに，起亜自動車の「CARNIVAL」のアメリカ輸出用車に搭載されたエンジンは現代自動車の「EQUUS」エンジンであった[11]。両社統合によるシーナジ効果は2004年まで7兆5000億ウォンに達する[12]。そのうち，部品共通化による効果は2兆8000億ウォン，プラットフォームの統合による効果は2兆3000億ウォン，そしてパワートレイン共有によって9000億ウォンが節減された[13]。

したがって，より多くの経営資源を品質向上のための研究開発や海外展開事業に投資することが可能になった。プラットフォームだけでなく，エンジンなどの中核部品の共通化も多く行われた。例えば起亜自動車の「CARNIVAL」のアメリカ輸出用自動車と現代自動車の「EQUS」には同じガソリンエンジンが搭載された[14]。

現代自動車グループのプラットフォーム及び製品戦略は以下のようである[15]。現代と起亜の代表的なプラットフォーム共有事例としては，まず小型（LC）では，現代自動車の「VERNA」，起亜自動車の「PRIDE」（海外では「Rio」），「SOUL」が同一プラットフォームを使用している。現代自動車の「ACCENT」，「VERNA」と起亜の「PRIDE」は，2005年以降からプラットフォームを共通化した。これらの車種は韓国以外に，インド，マレー

シア，中国，トルコ，ロシアなどの国で生産されている。準中型（J3）では，現代自動車の「AVANTE」，「TUCSON iX」，起亜自動車の「ポルテ」，「CARENS」，「SPORTAGER」が同一のプラットフォームを使用している。起亜の「CERATO」と現代の「AVANTE（ELANTRA）」は，2003年にプラットフォームを統合した。派生モデルとしては「ELANTRA」ベース「MPV」の現代「MATRIX」，起亜の「SPORTAGE」，現代の「TUCSON」がある。これらの車種は韓国，インド，マレーシア，中国，トルコ，ロシア，マレーシア，スロバキア，ベネズエラなどの国で生産されている。中型（Y4）では，現代自動車の「SONATA（YF）」，「SANTAFE」後続モデル，「GRANDEUR」後続モデル，起亜自動車「K5」，「SORENTO R」が同一のプラットフォームで生産されている[16]。

中型セダンの「SONATA」は2004年に「EF」から「NF」へ切り替えられた。「SONATA NF」と同じプラットフォームの派生モデルとしてはCUVの現代「SANTAFE」，「MPV」の起亜「CARENS」がある。現代の「GRANDEUR（XG）」は2005～06年の更新モデルから「SONATA」と同じ「NF」ベースに統合した。これらの車種は現在韓国，中国，インド，マレーシア，米国などの国で生産されている。

現代自動車のプラットフォーム数の推移をみてみよう。2002年までは，29のプラットフォームで29モデルを生産していた。2009年時点で現代と起亜は18のプラットフォームを基に，32モデルを生産しているが，2012年までは全車種のプラットフォームを6つに統合する計画であると発表した[17]。6つのプラットフォームとは，それぞれ軽自動車（「i10」など），小型車（「VERNA」など），準中型セダン・準中型SUV（「AVANTE」，「TUCSON」など），中型セダン・中型SUV（「SONATA」，「SANTAFE」など），準大型セダン・大型SUV（「GRANDEUR」，「VERACRUZ」など），大型車（「EQUUS」など）の6つである。この6つのプラットフォームで，全40モデルを生産する予定である[18]。

第2項 現代自動車の循環型出資構造

まず，現代自動車グループの出資構造をみてみよう（図表2-1を参照）。現

代自動車グループは，現代と起亜，現代製鉄，現代モビス，GLOVIS を中核とする循環型出資構造を成している。2009 年 8 月に現代モビスは現代製鉄から同社が保有していた現代自動車の株1285万株（およそ5.84％に相当）を買収し，これで現代モビスが保有する現代自動車の株は14.95％から20.78％に上がった[19]。起亜は現代とともに，現代自動車系列の3大部品メーカーである現代モビス，現代製鉄，現代 AMCO の株を所有し，部品メーカーへの支配力を行使している。ただ，現代モビスを中心とするこのような循環型出資構造は，ある面で韓国における出資総額制限制度の影響がないわけでもない[20]。

ここでまず，現代モビスとともに，注目を浴び始めている GLOVIS についてみてみよう。GLOVIS は 2001 年 2 月に韓国ロジスティック株式会社として設立し，2005 年 12 月に上場した。2002 年に中国現地に物流ネットワークを構築し，以降，物流基地の賃貸サービスを開始した。2003 年にはアメリカのアラバマに現地法人を設立した。同年に，統合運送システムを構築し，完成車運送サービスを開始した。

図表 2-1　現代自動車の循環型出資構造

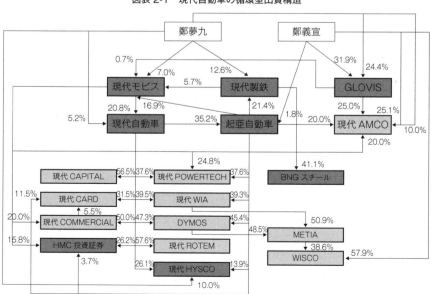

出典：Nice Investors Service (2010), 25 ページより。

第1節 現代自動車の構造調整　61

　2005年には，オーストラリア，スロバキア，中国の北京と江蘇に進出し，中国現地法人を設立し，現代と起亜の物流業務を担ってきた。2006年にはヨーロッパとインド法人も設立した。2007年には香港，米国のジョージア，チェコ，トルコに，2008年にはロシアにも進出した。現代と起亜が進出したすべての国に進出し，完成車海上運送サービスを開始したのである。
　GLOVISの2009年売上高は3兆1928億元に達する。2009年基準で持ち株比率は，鄭義宣が32.9％，鄭夢九が23％，Wilh. Wilhelmsen ASA 15％，H財団が0.4％，その他が28.7％である[21]。2007年12月時点で，国内に21カ所の物流拠点，海外の16カ所に物流拠点をもっている。主要取引先には，完成車メーカーの現代自動車と起亜自動車，部品メーカーの現代モビス，現代WIA，現代DYMOS，現代POWERTCH，デンソー豊星電子などがある。ほかに，鉄鋼重工業の現代製鉄，現代HYSCO，BNGスチール，石油化学業のLG化学，現代オイルバンク，電子メーカーのLG電子などの物流も担っている。
　現代自動車グループはGLOVISを設立する前の2002年12月に，ノルウェイの海運企業と共同出資でユコカキャリアスという海上運輸会社を設立した[22]。
　GLOVISが設立されるまでは，同社が現代と起亜における海運物流の100％を担当していた。しかし2007年からは，GLOVISは総合物流メーカーとして存在感が増した。それ以降は，現代自動車はGLOVISに大量の仕事を割り当てるようになった。GLOVISは中国にも北京と江蘇の2カ所に進出しており，北京現代と東風悦達起亜の物流を担っている。中国現地でも，GLOVISに物流業務の割り当てを増やし，現代自動車のこのような行動は，系列会社間のインサイダー取引であると指摘されたこともある[23]。
　前述のように鄭義宣はGLOVISの32.9％の株をもっており，GLOVISの最大の株主である。次の大株主である鄭夢九はGLOVISの株式を23％もっている。親子2人が，GLOVISを通じて現代モビスを支配しようとするのではないかとの見解もある。鄭義宣は鄭夢九の息子で，現代・起亜自動車の購買本部と国内営業本部，A/S総括本部，情報技術センターなどで勤務をした。高麗大学経営学科を卒業したあとアメリカのサンフランシスコ経営大学院で勉強し，1999年に現代自動車購買担当理事として現代自動車に入社した。韓国営業本

部,企画室,企画総括本部などの部門で経験を積み,2003年には起亜自動車の企画室長としてスロバキア工場と中国第2工場の建設作業を主導した。2004年末まで現代自動車の企画総括本部の副本部長と起亜自動車企画室長・副社長を,2005年初に起亜自動車社長の役職に就任した。2006年からは現代自動車の企画総括,起亜自動車の海外事業,現代モビスの企画・情報技術担当社長を担っている。

鄭義宣はGLOVISの32.9%以外,現代自動車の株式1.99%,AMCOの株25%,BONTECの株30%,INOTIONSの株40%を保有している。2009年にはグループ副会長に赴任した。

現代モビスは現代自動車の最大株主であり,実質的現代自動車を支配する持ち株会社である。現代モビスが現代製鉄の保有する現代自動車の株を買収して,現代自動車の出資率を20.78%に引き上げたのは,持ち株会社への転換を図っているとみられる[24]。なぜならば,韓国の公正取引法によって,持ち株会社は子会社の株式を最低20%保有することが義務づけられているからである。現代モビスは現代自動車グループの中核となり,他の会社を支配し,これらの会社の配当が現代モビスの収益となる。そして,鄭夢九が保有している現代自動車の株は6.96%(2009年末時点)に達する。つまり,鄭夢九にとって現代モビスは最大の収益の元であると言っても過言ではない。

現代モビスの現代自動車に対する保有株は2000年12月時点で10.99%に過ぎなかった。現代モビスの現代自動車に対する出資率,現代自動車が起亜自動

図表2-2 循環型出資比率の推移

2000年 現代モビス(10.9%) ⇒ 現代自動車
2003年 現代モビス(11.5%) ⇒ 現代自動車(36.3%) ⇒ 起亜自動車(16.3%) ⇒ 現代モビス
2008年12月 現代モビス(14.95%) ⇒ 現代自動車(38.67%) ⇒ 起亜自動車(17.76%) ⇒ 現代モビス
2009年12月 現代モビス(20.78%) ⇒ 現代自動車(34.58%) ⇒ 起亜自動車(16.88%) ⇒ 現代モビス

出典:現代自動車『事業報告書』2001年,2004年,2007年,2010年版より。

車に対する出資率は年々増加した。(図表2-2を参照) 循環出資比率の増加に伴い，現代モビスの役割がますます大きくなった。現代モビスは現代自動車の最大の持ち株主でありながら，実質的に現代自動車を支配する持ち株会社である。2009年の営業利益率をみると，現代自動車は9％であり，それに対して現代モビスは15％と現代自動車より遥かに高い。ちなみに純利益率は12％であった[25]。

すなわち，現代モビスは，現代と起亜，そしてその他の系列メーカーを結びつける現代自動車グループの資金循環の中枢にあって，収益を吸収・分配する役割を持っているのである。

第3項　現代自動車系列部品メーカー[26]

アジア金融危機以前の現代グループの主力部門は自動車，造船，建設，電子などであった。危機を経て，現代自動車グループ，現代重工業，現代建設に分かれたのである。ここでは，韓国の代表的自動車メーカーである現代自動車およびその系列部品メーカーを取り上げて，近年の活躍ぶりをみていくことにする。ここで取り扱うデータは，各社のホームページ，事業報告書，監査報告書及び各投資証券会社のデータによるものである。

1977年6月から現代自動車は，韓一理化，徳洋産業，孝門産業，日進鍛造などの部品メーカーを新設した[27]。そして，既存自動車部品メーカーに対しても30％から100％の資本参加をすることによって，現代系列に編入した[28]。先進の自動車部品メーカーとの技術提携も多く行われた。1977年から1979年までの3年間，締結された技術提携は20件を超える[29]。

まず，現代自動車グループの完成車及び系列部品メーカーについてみていこう (図表2-3を参照)。2009年12月31日現在，現代自動車グループの傘下には，韓国国内の41社の系列会社と海外162社の海外系列会社がある。韓国国内の41社の系列会社は，上場企業8社と非上場企業33社が含まれている。上場企業の8社は，現代，起亜，現代モビス，現代製鉄，現代HYSCO，BNGスチール，GLOVIS，HMC投資証券である[30]。

周知のとおり，完成車は現代と起亜2つのブランドを生産している。現代と起亜は，安全と直結する中核部品をアウトソーシングしないで，社内で生産す

図表2-3 現代自動車グループ系列メーカー

企業名	出資比率		生産品目（備考）
	現代	起亜	
現代モビス		17.79	シャシー，CPM，FEM3大モジュールと部品
現代HYSCO	26.13	13.91	冷延コイル，電機亜鉛メッキコイル，冷延鋼板，鋼管等
現代製鉄		21.39	丸鋼，冷延ステンレス鋼板，コイル棒鋼等
現代POWERTECH	37.57	37.58	トランスミッション（AT）（現代モビス24.84％）
現代ROTEM	57.64		モーター
現代AMCO		19.99	（ほかに現代モビス19.99％，GLOVIS24.96％）
DYMOS	47.27	45.37	ドライブアクスル，シート，トランスミッション（WIAが51.2％出資）
MSEAT			シート（DYMOSが99.81％出資）
KEFICO	50.00		エンジン，変速機マネジメントシステム（ボッシュ50％））
NGB	53.66	24.39	次世代自動車技術
WIA	39.46	39.33	自動車向け鋳鉄，鋳鉄部品

注：KEFICOはKorean Electric Fuel Injection Company，出資比率の単位は％。
出典：起亜自動車（2010）『分期報告書』，82-83ページ。

るか，グループ内部の系列会社から調達する。現代と起亜の自社工場内ではエンジン，変速機，車体を生産する。中でも自動車の心臓ともいえるエンジンに関しては，基本的には現代と起亜が独自で生産していたが，2005年以降小型エンジンに関しては，現代WIAという系列部品メーカーで生産を分担している。現代自動車グループはほとんどの部品調達において複数発注政策を採用している。

モジュール事業は，基本的には現代自動車グループの大手1次部品メーカーの現代モビスが統括している。アジア金融危機以前は，万都が韓国の自動車部品産業をリードしたといっても過言ではないが，危機後漢拏グループの解体により現代モビスが浮上したのである。

現代のモジュール事業は，ほかに現代WIAがエンジンモジュールの一部を担当している。現代モビスについては第3章で検討することとし，ここでは現代WIAについてみていこう。

現代WIAは現代系列の1次部品メーカーであり，モジュール，等速ジョイ

ント，手動変速機，エンジンなどの自動車部品を生産するほか，工作機械，プラント，プレスなど機械事業にも参入した。2009年時点の売上高比重では，自動車部品事業部門が66％を，機械産業が33％を占めている。

　現代と起亜は，エンジンは基本的に各自の工場内で生産しているが，小型エンジンに関しては，2005年以降から現代WIAも生産することになった。近年，エンジンモジュールなども担当しており，現代自動車の第2モジュールメーカーとして浮上している。現代モビスとともに脚光を浴びはじめているメーカーである。

　現代WIAは現代自動車グループが出資したパワートレイン系の1次部品メーカーであり，現代モビスに次ぐ第2のモジュールメーカーでもある。同社で生産されるモジュールは，起亜自動車に納品されている。現代WIAはエンジンとモジュール以外にも，トランスミッション，等速ジョイント，車軸，工作機械，プレス，防衛産業などの事業も担っている。2009年の現代WIAの売上高は自動車部品関連事業の売上高の68％であり，残りの32％は機械関連事業によるものである[31]。

　現代WIAが2010年5月に上海汽車の子会社である上海匯衆から1500億ウォン規模の商用車用手動変速機の受注を受けた。2500ccのミニバン商用車車両に搭載されるもので，江蘇省無錫の上海汽車商用車工場に年間2万台あまりを供給し，10年間で23万2000台の手動変速機の納品契約を結んだ[32]。この受注を機に，現代WIAは上海汽車系列に拡販していく狙いである。トランスミッションだけでなく，等速ジョイントなども上海汽車系列に売り込むなど，拡販が期待される。

　電装部品に関しては，現代モビスとKEFICOから調達している。KEFICOは現代自動車とドイツのボッシュの合弁で1987年に設立されており，ECU (engine control unit)，TCU (Transmission control unit) などのパワートレイン電子制御システム関連部品を開発生産している。1980年代から，現代自動車は乗用車の電子化趨勢に対応するために，電子制御ガソリン噴射装置 (ECU：Electronic Control Unit) を輸出用乗用車に装着し，低公害規制値を満たそうとした。そのために1987年9月に現代電子，ボッシュ，三菱電機と合弁でKEFICO (Korea Electric Fuel Injection Co.) を設立した。出資比

率は，現代自動車が33％，現代電子が16％，三菱電機が25.5％，ボッシュが25.5％であった。設立当初の生産品目には，噴射装置（Injector），FBC（Feed-Back Carburetor）用ECU，MPI（Multi Point Injection）用ECU，AFM（Air Flow Meter）などがある。生産能力は噴射装置年間230万個，FBC用ECU 36万個，MPI用ECU 45万個に達する[33]。

ちなみに，現代モビスは2009年に現代AUTONETを吸収合併し電装事業へ進出したが，電装部品の独自開発能力を十分確保していない状態にある。そして現代モビスは2008年11月，ハイブリッド事業強化を図るため，現代ROTEMの駆動モーター事業を統合した。2009年にはランプ事業にも参入し，フロントエンドモジュール事業を強化した。

トランスミッションに関しては，現代と起亜の内部で生産する以外に以下の企業からも調達している。現代POWERTECHからは自動変速機を，現代WIAとDYMOSからは手動変速機を調達している。現代POWERTECHは，現代と起亜のほとんどの仕様の自動変速機を生産している。2009年には，さらに生産能力を拡張し，グループ全体の自動変速機の60％を供給できるほどである。現代WIAとDYMOSは，ほかに等速ジョイントと車軸の生産もしている。

シートに関しては，現代自動車のほかにDYMOSでも生産している。A/S部品事業においては，現代と起亜両社への供給を，現代モビスが統括している[34]。韓国には，DYMOSのほかにMSEAT（DYMOSの子会社），韓一理化，Daewon Group，KM＆Iなどの企業が，シートシステムの生産を行っている。韓一理化は，現代自動車への納品比重は98％を占めているが，独立系メーカーである。ドアトリム，シートヘッドライニングを生産している。WIAが50.94％，DYMOSが48.53％を出資しているMETIAは，ステアリングギアを生産している。

自動車部品事業を補完する工作機械，プレスなどの事業分野は現代WIAのほか，現代ROTEMが役割を分担している。その他ブレーキシステム，シャシー部品は万都，エアコン関連は漢拏空調と独立系部品メーカーから調達している。タイヤ，ガラス等も同じく独立系部品メーカーから調達している。

鉄鋼事業は，現代製鉄，現代HYSCO，BNGスチールの3社から構成され

ている。現代 HYSCO で冷延鋼板を，現代製鉄で熱延鋼板を生産している。現代 HYSCO はポスコや現代製鉄から調達した熱延鋼板を冷延鋼板加工して自動車，建設業界に供給する。ある意味中間加工メーカーである。2009 年までは，POSCO 社からも鋼板を調達したが，2010 年以降は現代製鉄から全ての鋼板を調達する方向に切り替えていくという[35]。

2011 年までに新たに 2 基の高炉が稼動予定であり，そうすると年間 1300 万トンの鋼板をグループ内で調達することが可能となる。うち，現代 HYSCO からは冷延鋼板を，現代製鉄からは熱延鋼板を調達している。ただ，R 社におけるインタビューでは，現代 HYSCO における冷延鋼板は POSCO より高価であると指摘した。ここでもグループ内取引を優先することがうかがえる。2000 年の初めまでは熱延鋼板と厚板を供給できるのはポスコぐらいであった。その収益性をみて，2003 年から 5 年間鉄鋼会社による熱延鋼板と厚板の生産高炉増設が相次いだ。結局過剰供給により熱延鋼板の価格は大幅に下落した。現代 Hysco はこれらの企業とは違って冷延加工に絞ることで，利益率が上昇した。

韓国フレンジ工業は現代と起亜への納品比重が，それぞれ 60％と 25％を占める。ほかに起亜（29％）と TRW の合弁企業である TRW Steering は，フロント／リアサスペンション，燃料タンクモジュール，ブレーキペダル，クラッチペダルを生産している。

研究開発機能は現代と起亜自動車が担い，中核部品と新車開発はその研究所で行われる。モジュール及び電装部品関連の研究開発は，現代モビスの技術研究所で行われており，手動変速機及び車軸は京畿道華城の駆動研究センターで，シートは京畿道東灘のシート研究所で開発している[36]。

現代自動車系列部品メーカーの売上高と，売上高に占める R&D 費用の比率を比較してみよう。2008 年基準で，現代モビスの売上高が 1 兆 3000 億ウォンに達し，営業利益率は 12.7％と Tier1 メーカーの中で一番高い。一方，売上高に占める R&D 費用の比率が比較的に高いメーカーとしては，2009 年現代モビスに買収された現代 AUTONETE と，KEFICO である。それぞれ，6.6％と 6.7％を占めている。以下，万都が 4.3％，現代 POWERTECH が 1.2％，現代 WIA が 0.8％である。外国メーカーではボッシュとデンソーの R&D 比率が 7.7％であり，アイシン精機が 4.3％である。現代モビス，現代 POWERTECH，

DYMOSなどTier1メーカーは，系列外取引先の拡大を目指して，海外完成車メーカーからの受注拡大により競争力確保する動きが目立っている[37]。

万都，KEFICOのように開発に力を入れている部品メーカーが増え続けている。しかし，現代自動車が現代モビスを通して，Tier1とTier2の統轄を徹底しており，両社からの原価低減要求が年々厳しくなる傾向にあり，倒産にまで陥る中小部品企業も多数ある。

第2節　現代・起亜自動車の国内生産体制[38]

第1項　国内生産体制

1．現代自動車の国内生産体制

現代自動車グループは唯一外国資本を受け入れていない韓国自動車メーカーである。従来から「技術提携はしても，独自経営を続ける」という方針で経営を続けてきた。現代自動車グループは中核部品であるエンジンとトランスミッションは自社内で生産している。それ以外の部品は現代モビスなどのTier1を通じて調達しており，部品原価ベースでみると，およそ80％程度は外注によるものである。一方，Tier1，Tier2部品メーカー各社は現代自動車に対する依存度が非常に高い反面，韓国自動車部品産業全体の規模が零細で，技術レベルも低く，完成車メーカーとの交渉力が未熟である。

図表2-4のように現代自動車は韓国国内に蔚山，牙山，全州3カ所に生産工場をもっている。蔚山工場は1968年に稼動して以来，「CORTINA」の組み立て生産から始まり，1975年は初の独自モデルである「PONY」の生産を始めた。1991年には国産エンジンのαエンジンを開発した。蔚山工場は5つの工場から構成されている。第1工場では，「ACCENT」，「VERNA」を，第2工場では，「TUCSON」，「SANTAFE」，「VERACRUZ」を，第3工場では，「ELANTRA」と「i30」を，第4工場では「GENESIS COUPE」，「STAREX」と新車種の「C-MPV (SO)」を，第5工場では，「TUCSONix」，「GENESIS」，「EQUUS」を生産している。蔚山工場は1986年に全車種の累計生産台数が100万台を突破した。2003年12月には年間輸出台数が100万台に達し，2004年7月時点で類型1000万台の輸出を記録した。2008年1月にはプレミアム級

第 2 節　現代・起亜自動車の国内生産体制　69

図表 2-4　現代自動車の韓国国内工場

工場名	稼動	主要生産モデル	生産能力
蔚山	1968	第1工場：ACCENT, GETZ, VERNA, SONATA	153万台
		第2工場：SANTA FE, VERACRUZ, TUCSON	
		第3工場：ELANTRA, i30	
		第4工場：GENESIS COUPE, GRAND STAREX	
		第5工場：TUCSONix, GENESIS, EQUUS	
		エンジン工場，6速AT工場	
全州	1995	中大型トラック，中大型バス，特装車	7万台
牙山	1996	SONATA, GRANDEUR (ASERA)，エンジン	26万台

注：生産能力は 2010 年 3 月時点でのデータである。
出典：現代自動車（2010）『事業報告書』及び同社ホームページより作成。

セダンの「GENESIS」の生産を開始した。金融危機を機に生産性向上のため物流の再配置と混流生産を積極的に導入した。上記の表をみれば，現代自動車の各工場では 2 車種以上を混流生産していることがわかる。現代自動車は既存の生産ラインを改編し，多品種混流生産に可能なマルチプラットフォームに改編した。蔚山第 1 工場の第 1 ラインと第 5 工場の第 1 と 2 ラインがその代表的事例である[39]。ちなみに，現代自動車の第 2 工場は 5 モデル以上を混流生産できるように設計された[40]。

　蔚山第 1 工場は 1975 年に「PONY」を開発し，1985 年からは「EXCEL」を開発した。1985 年 2 月には 3 年 5 カ月をかけて建設した新工場（現在の蔚山第 1 工場）が完工した。既存工場の 15 万台生産能力をあわせると，45 万台の規模に達した。新工場には，金型，塗装，プレス工場が入居し，従来の鋳鍛造，艤装工場も増設，機械再配置などで生産性を向上させた。1988 年 7 月には 30 万台生産能力をもっている第 2 工場が稼動し，生産能力は 75 万台に達した。

　1988 年 8 月には，蔚山工場に国内初の年産 30 万台規模の自動変速機生産工場を立ち上げた。当時，自動変速機は海外輸入に依存してきた。当時アメリカでは，自動車変速機装着車の比率が 80％に達し，日本でも中型車の 50％，大型車の 70％は自動変速機を搭載したので，現代自動車は自動変速機の内製を決断したのである。自動変速機の内製化により，1989 年基準で 2 億 4000 万ド

ルの外貨節減効果をもたらした[41]。1994年には「ACCENT」を開発生産した。

蔚山第2工場は軽自動車から中大型自動車まで多品種を生産している。1987年1月には「PONY2」,「EXCEL」,「ステラ」3車種を生産していた。以降,「SONATA」,「GRANDEUR」などの中大型車種を生産し始め,1997年には「ATOZ」の生産も開始した。蔚山第3工場は最大の生産能力を持っている。第4工場は小型商用車を生産している。

全州工場は1995年に稼動し,2.5t以上の中大型トラック,中大型バス,特装車を生産している。年間生産能力は7万台に達する。1995年4月にバス工場が竣工し,同年10月にはトラック工場が竣工した。1996年12月には商用エンジン工場が竣工した。1998年には中型バス「カウンティ」,中型トラック「マイティー」を投入した。2000年には国内初の天然ガスバス及び電子式エンジンパワーテックを発売した。2006年には次世代大型バスと大型トラックの「トラゴ」を発売した。2007年からは,排出ガス規制に備えるために,新型エンジンの開発と量産を始めた。

牙山工場は1996年から稼動しており,主要生産車種には「SONATA」,「GRANDEUR（ASERA）」,エンジンなどを生産している。年間生産能力は2010年3月時点で26万台に達する。2002年4月には類型生産台数が100万台に達した。2004年9月には「SONATA」第5代（ヨーロッパ向け）を投入し,翌年にはプレミアム大型セダン「GRANDEUR」第4代を投入した。2005年の11月には牙山工場は類型200万台の生産を記録した。

蔚山には輸出物流センターも建設しており,同センターはアメリカ,ヨーロッパ,中東,中国などの193カ国に17万3千あまりの製品アイテムを供給している。

2．起亜自動車の国内生産体制

起亜自動車は韓国国内に光州,所下里,華城,瑞山の4カ所の生産体制となっている（図表2-5を参照）。4工場の年間生産能力は,2010年3月時点の合計で158万台に達する。以下,設立年順で各工場の概要をみていくことにする。

光州工場は1966年に設立されており,主要生産モデルには,「SPORTAGE」,「CARENS」,「SOUL」,軍用車,大型バスなどがある。2010年時点で同工場

図表 2-5　起亜自動車の国内生産体制

工場名	操業	主要生産モデル	2010年生産能力
光州	1966	SPORTAGE, CARENS, SOUL, 軍用車, 大型バス	42万台
所下里	1973	PRIDE, CARNIVAL	35万台
華城	1999	OPTIMA, CERATO, LOTZE, CARENS, SORENTO, MOHAVE, OPIRUS, エンジン	58万台
瑞山	N.A	MORNING	23万台

出典：起亜自動車（2010）『事業報告書』より作成。

は42万台の生産能力をもっている。光州工場は生産拡大のために，1992年に年間生産能力20万台に達する第2工場を建設した。同工場はロボットの大量活用による塗装ライン，溶接を100％自動化した車体ラインを構築し，「SPORTAGE」や「SOUL」を生産している。光州第2工場は，JDパワーの自動車生産工場評価で，韓国自動車業界初の「ブロンズ賞」を受賞した[42]。

所下里工場は1973年設立され，35万台の生産能力をもっている。「PRIDE」，「CARNIVAL」などを生産している。

華城工場は1999年に設立されており，2010年の生産能力は58万台に達する。「OPTIMA」，「CERATO」，「LOTZE」，「CARENS」，「SORENTO」，「MOHAVE」，「OPIRUS」，エンジンなどを生産している。瑞山工場2009年に7万台の生産ラインを増設し，生産能力が23万台に達した。瑞山工場では，「MORINIG」を生産している[43]。

鄭義宣は，起亜自動車社長に就任後起亜自動車のグローバル販売を仕切り，周囲から認められる実績をあげた。ドイツ出身の車デザイナーであるPeter Schreyerをスカウトして，起亜車と現代車の差別化に取り組んできた。起亜自動車の南陽デザインセンターをはじめとするグローバルにおける起亜車デザインセンターを統括した。

2008年の量産モデルであったSUV車「ソウル」はPeter Schreyerが関わった最初の車種である。Peter Schreyerは1979年からVWに勤務し，アウディなどの車のデザインに参加したスペシャリストである。2008年からの危機にも関わらず，起亜自動車は2009年上半期に，8兆2000億ウォンの売上高を計上し，純利益も91.5％増加の4400億ウォンを記録した[44]。

3．国内における実績

現代自動車は韓国国内市場でのシェアが7割を超えており，安定的な収益が保障されている。国内寡占状況による収益安定は，現代自動車は海外市場の開拓に集中できる基盤となる。日系企業の場合，乗用車市場には8社がシェアの獲得のために競争している。たとえば，日系最大自動車メーカーのトヨタは2009年時点で日本市場の28％，ホンダは日本市場の13％程度に過ぎない。

現代自動車のもう1つの特徴は，中大型自動車市場におけるシェアが高いことである。日系企業との比較でみると，ホンダの場合は収益が高い中型車の販売シェアはわずか9％，収益が低い軽自動車の販売は29％を占めている。それに対して，現代自動車は中大型乗用車とSUVのシェアが60％を超える[45]。もちろん，政府の小型車支援策などにより小型車市場の売れ行きが好調で起亜自動車を通して小型車製品も投入している。起亜自動車は全体の販売量のうち64％が排気量2000cc未満の小型車である。このおかげで，アメリカ市場でも2009年に10％を超える販売増化を達成し，韓国国内でも9年ぶりに30％以上の成長をみせた[46]。

ここで，現代と起亜の2009年における生産実績をみてみよう。現代自動車グループのグローバルに市場おける2009年生産台数は464万台に達する。現代はグローバル市場で311万台，起亜は153万台を生産した。464万台のうち，韓国国内で275万台，海外で189万台を生産した。現代と起亜は韓国国内で，それぞれ161万台と114万台を生産した。海外における生産も順調に伸びており，現代は39万台，起亜は39万台を生産した（図表2-6を参照）。

現代自動車の国内販売と輸出を合わせると311万台と57％，起亜自動車は

図表2-6 現代自動車グループの2009年生産実績

	韓国	海外	合計
現代	161	150	311
起亜	114	39	153
合計	275	189	464

注：単位は万台である。
出典：現代自動車（2010）『事業報告書』，起亜自動車（2010）『事業報告書』より作成。

153万台と28.2％になる。2009年グループ合計で，464万台と85.2％も占めている（図表2-6を参照）。現代自動車は，消費者が自動車購入後失業した場合，無料で返品できる独自のマーケティング戦略を打ち出した。2009年における韓国国内での販売シェアをみると，現代自動車が50.4％，起亜自動車が29.6％，ルノー三星自動車が9.6％，双龍自動車が1.6％，その他輸入車が0.6％を占めている。

2008年の世界10大自動車メーカーのうち，現代自動車の営業利益率は6％以上で1位であった[47]。現代自動車グループの2009年の営業利益は前年比54.6％増加の3兆4000億ウォンとなり，世界自動車メーカーのうちトップとなった。うち，現代自動車がグローバルで311万台を販売し，2兆2300億ウォンの営業利益を計上し，起亜自動車は同153万台と1兆1400億ウォンを記録した。新興市場への先行投資と現地需要を考慮したマーケティング戦略により高い業績を上げたのである。たとえば，2009年初から，アメリカで自動車購入してから1年以内に失業した場合，その自動車を買い取るという戦略をとった。2009年にアメリカ市場で前年比7.1％増加の合計73万5000台を販売した。うち，現代自動車43万5000台，起亜自動車が30万台を販売した[48]。

4．グローバルにおける実績

以上は韓国国内の概況であるが，次はグローバルにおける実績をみていこう。現代自動車グループは，国内生産規模を拡大させただけでなく，アメリカ市場，新興市場で最もシェアを拡大させてきた企業でもある。

現代自動車の海外輸出は1984年「PONY」のカナダへの輸出から始まる。1985年の売上高は，輸出市場の好調のおかげではじめて1兆ウォンを突破し，前年比56％増加した。以降，アメリカ，ヨーロッパ，アジア太平洋地域にも輸出を始めた。アジア太平洋地域に対する輸出は，1985年の1000余台から，1986年には6800余台，1988年には1万3000台に増えた[49]。

1987年時点の乗用車の地域別輸出では，北米地域が84％を占め，以下，ヨーロッパとアジア太平洋地域，中東，中南米，アフリカと続いていた。輸出対象国家は1986年の65カ国から1987年には70カ国，1988年には72カ国に増えた。完成車輸出に伴って，部品輸出も増えた。1984年の566万ドルから1988

年には4847万ドルに増えた。1988年からは日本への輸出も始めた。現代自動車グループは4年前の2004年の実績は277万台で、世界第9位である。同グループは、2002年までは国内市場への依存度が45％であり、北米とヨーロッパなどの市場への輸出が50％に達していた。この時期の海外生産はわずか5％に過ぎなかった。以降、韓国国内の高い人件費、労組問題を避けるために新興市場への進出を積極的に行い、2009年には、海外現地生産の比率が41％まで増えた。韓国からの輸出は35％に減少し、国内市場への依存度も24％まで減少した。

　世界各国での販売シェアをみると、北米とヨーロッパ市場での販売は30％まで減少した一方、アジア、中東、南米など新興市場への販売は好調で50％に達した。金融危機により、2009年の北米とヨーロッパ市場における自動車需要が急減したにもかかわらず、新興市場での販売好調が現代グループ全体の販売実績に貢献したことがうかがえる。新興地域における現地生産も好調である。特に、インド、中国、スロバキアなどの新興地域の生産能力の拡張により、海外生産は前年比25.5％増加の145万台に達した。うち、2008年のインドにおける生産は前年比43.6％増の48万6000台、中国における現地生産は前年比30.1％増の43万9000台、スロバキアにおける生産は前年比38.9％増の20万2000台を記録した[50]。これらの新興地域とは反対に、金融危機の震源地であるアメリカでの現地生産は前年比減の23万7000台に、トルコでの現地生産は9.4％減少の8万2000台にとどまった。

　2008年の世界自動車販売台数ランキングをみると、現代は420万台を販売し世界第6位を占めている。ちなみに、1位のトヨタが897万台、2位のGMが836万台、3位はドイツのVWが627万台を販売した。4位と5位はルノー、日産グループとフォードであり、それぞれ609万台と540万台を販売した。

　現代自動車グループは、生産規模を拡大させただけでなく、アメリカ、アジア市場で最もシェアを拡大させてきた企業でもある。ちなみに、4年前の2004年の実績は277万台で、世界第9位である。同グループは、2002年までは国内市場への依存度が45％であり、北米とヨーロッパがそれぞれ27％と13％であった[51]。

　2009年には、アジア、中東、南米など新興市場への販売が50％に達し、国

内市場への依存度は19%へと減少し，北米とヨーロッパ市場の比重が18%と13%へと減少した。金融危機により，2009年の北米とヨーロッパ市場における自動車需要が急減したにもかかわらず，新興市場での販売好調が現代グループ全体の販売実績に貢献したことがうかがえる。現代自動車の内需，輸出，現地生産の比率が2002年は45%対50%対5%だったが，2009年には同比率が24%対35%対41%となった。韓国国内の相対的に高い人件費，労組問題を避けるために積極的に現地生産を拡大させたことがうかがえる[52]。

ルノー，GM，フォードの主な市場は先進国にあり，アメリカ，ヨーロッパ，日本が80%以上を占める。現代と起亜における新興市場の比重はそれぞれ41.4%と31.4%である。

第2項　国内開発体制

1．現代自動車の国内開発拠点

1983年9月に，現代自動車はエンジン設計と開発能力を引き上げ，新規エンジン開発に注力するために技術研究所とは別途に本社にエンジン開発室を新設した。1982年に売上高の1.8%を占めていた研究開発費は，1983年には3%に達した[53]。1984年9月にはエンジン開発室を技術開発室に改名し，新エンジン開発，動力伝達装置とその他システム開発，製品開発，新素材開発など自動車製品開発に関するすべての研究開発に携わった[54]。

1984年11月には馬北里に移転し，馬北里研究所と名づけ，エンジン，変速機の開発を本格的に始めた。当時の研究開発人員は98名に達していた。1984年から6月にイギリスのリカード（RICARDO）と技術提携を行い，1500cc級のαエンジンと手動変速機の開発に着手した。以降，γエンジン，δエンジン，βエンジンなど次々と次世代エンジンを開発した。1985年1月に，開発本部を新設し，生産本部内の乗用車開発を担当していた製品開発研究所と馬北里研究所を開発本部傘下に編入した。1987年1月には，商用車製品開発研究所を追加で新設した。1983年には開発本部従業員が1116人いたが，1986年には2247人までに増えた。技術開発投資は1983年201億から，1987年には989億ウォンに，大幅に増加した[55]。

現代自動車の韓国における研究所は，南陽技術研究所，商用技術研究所，環

図表 2-7　現代自動車の開発体制

拠点名	所在地	設立	担当分野
技術研究所（南陽）	華城市	1986	乗用車，RV車，商用車
商用技術研究所	全州市	1996	全州中大型トラックとバス
環境技術研究所	龍仁市	2003	ハイブリッドカー，燃料電池
America Technical Center.Inc	Ann Arbor	1986	北米市場向け開発，エンジニアリング業務統括
California Design Center	カリフォルニア州	1990	北米向け車両のデザイン
Europe Technical Center	ドイツ	1995	パワートレイン，シャシー開発
日本技術研究所	日本	1995	自動車用電子システム
India Engineering	インド	2007	車体設計やエンジン，パワートレイン，低価格車の開発
北京R&Dセンター	中国	2008	中国市場向け車両の開発

出典：現代自動車（1997）『現代自動車30年史』，364-365ページと同社ホームページより作成。

境技術研究所に絞られた（図表2-7を参照）。南陽技術研究所は，1986年に京畿道華城市に設立された。乗用車，RV車，商用車などのデザインを含める車両開発を行っていた。他にパワートレイン，エンジン，変速機の研究開発，車両テストなど担当している。1993年にはテストコースを建設し，1995年以降から，設計，エンジン，変速機関連の研究施設を次々と立ち上げたのである。2003年の5月には，シーナジ効果を狙い，分散されていた現代自動車の蔚山と起亜自動車の所下里研究所を統合した。2004年にはデザインセンターを開設した。2009年から生産開始した「ELANTRA」ハイブリッドもここで開発し，新興国のR&Dセンターとの連携を強化しながら，低価格車の研究開発も行っている。2007年に南陽技術研究所は，蔚山，所下里研究所を統合し，乗用車，商用車，RVの開発を行っている[56]。

　広大な敷地には4つの棟から構成される研究所，テスト，71種類の多様な路面を揃える走行コースもある。一万名以上の研究員をもっており，純粋に研究に携わっている研究員は9000名に及ぶ。とりわけ2008年以降から，急速に若手の研究者を増やしたと，インタビューで答えた。2015年まで，さらに5000名を増やす予定であるという。同研究所は，VWの研究所が完成する以前は，アジア最大規模の研究所であった。

南陽研究所のもう1つの重要な役割はパイロット生産による問題解決である。新モデルの開発段階で，同敷地内で100台余りをパイロット生産するという。期間は2カ月弱で，量産段階で発生するであろう問題点をこのパイロット生産段階で発見することにより，設計を修正する試みで，事前に問題を解決する。これにより量産段階で起こりうるトラブルを前もって把握し解決することができる。

商用開発センターは1996年に設立されており，全州で生産されている中大型トラックとバスの開発を行っている（図表2-7を参照）。設計，試作，研究などの分野に分かれて，100種以上の商用車を独自に研究開発できる先端技術を保有している[57]。

環境技術研究所は環境性能の高い次世代車両の開発が中心である。2003年7月龍仁市馬北里に設立された。当時の開発部隊は200人であった。環境性能の高い次世代車両の開発に主眼を置き，製品開発，生産，販売，アフターサービス，リサイクルまでの研究開発を行う。水素ステーション，燃料電池耐久試験設備などをもっており，燃料電池車（FCEV）の開発を担っている[58]。

1986年5月には，排出ガス規制と安全規制関連技術開発，他社の車両開発動向調査のために，アメリカのAnn Arbor市に現地研究所を設立した。1990年にはカリフォニア州にデザインセンターを設立した。1995年にはドイツと日本にそれぞれパワートレインとシャシー開発研究所と自動車用電子システム研究所を，2007年にはインドに車体設計，パワートレインの設計開発を担当する研究所を，2008年には中国に現地向け車両開発用のR&Dセンターを設立した。現代自動車はそれまで小型車関連開発を南陽研究所で進めてきた。インドのエンジニアリングセンターの設立をきっかけに，基礎開発を除いてパワートレインや車体デザインをインドに徐々に移管する方針である。

現代自動車のR&D費用は同業他社に比べてまだ低い。現代・起亜の2009年のR&D費用は1兆4000億ウォンである。ちなみに，GM，フォードなどは年間8兆ウォンを超えるR&D費用を投資しており，トヨタとVWは5兆ウォンを超え，ホンダも4兆ウォンのR&D費用を毎年支出している。

2. 部品メーカーの開発への関与

サプライヤーは，図面の設計における役割分担および部品の生産目的によって，貸与図サプライヤー，承認図サプライヤー（仕様伝達に基づいて開発），市販品サプライヤー（汎用品）に分けられる（浅沼（1997））。

ここで，現代自動車の製品開発過程をみてみよう。独自設計能力をもっている承認図部品メーカーは，新製品のモデルコンセプトが確定される「モデル確定」段階から，ゲストエンジニアリング（Gust engineering）の形で開発に参加する（図表2-8を参照）。部品メーカーから派遣されたエンジニアは現代自動車のエンジニアとともに，新製品の1次試作図の設計に参加する[59]。

1990年の調査によると，6割弱程度が貸与図方式で圧倒的に多く，協同・委託開発方式が4割弱を示すほか，承認図方式は無視できるほど微々たるものである[60]。ほとんどの自動車部品メーカーは，基本的に現代から渡された詳細図面に基づいて試作品を作る，いわゆる貸与図サプライヤーである。従って，現代自動車が承認図部品メーカーとして認めた企業も，現代自動車から自立して部品を設計し，それを現代自動車以外の完成車メーカーに供給できるほどの技術レベルには達していないという結論であった[61]。

すなわち，日本の1次部品メーカーの多くは部品設計能力を保有しているが，韓国の場合は部品メーカーの設計能力が全般的に弱い，それゆえに，技術の面で自立することを考える余裕もなく，現代自動車の持続的なコスト削減要求に

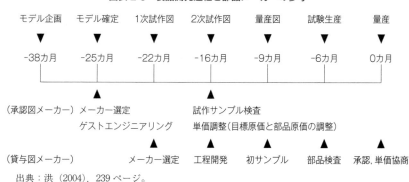

図表2-8 製品開発過程と部品メーカーの参与

出典：洪（2004），239ページ。

応えながら系列外への拡販も図っている、というのが2000年代前半までの主張であった[62]。

3．品質経営

　現代自動車は1983年1月から修理保証期間を従来の6カ月から1年、走行距離は2万Kmに延長した。顧客満足度を意識し始めたのである。1983年からは、整備用車両13台と整備要因26名から成るA/S部隊を作り、故障が起きた場合、保証期間を問わずA/Sを徹底化した。1987年まで直営整備工場は14カ所、指定整備工場は247カ所、指定部品代理店は386カ所に達した[63]。そして、品質経営の一環として、現代自動車は2004年から現代モビス、KEFICO、現代POWERTECH、WIA、DYMOS、グロビスなどの現代系列の部品メーカーを対象に、毎年品質システムの診断を行ってきた。

　鄭夢九は「品質が一番」という考え方を社内で徹底させている。日本の自動車メーカーの平均1.5～2倍程度の品質検査員を配置している。品質管理に多額の投資をしている[64]。

　こうした努力の蓄積のなかで、現代自動車は2010年アメリカ消費者専門誌のコンシューマレポートが選定した優秀自動車メーカーで第4位に選ばれた。品質、性能などを総合評価して選定した結果である。ホンダとスバルが77点で1位、トヨタ74点で3位、現代・起亜が73点で4位であった。以下のランキングでは、日産、VWが72点で5位、マツダ71点で7位、ベンツ、BMW、ボルボがそれぞれ8位から10位を占めた[65]。

　現代自動車の今後の課題をあげると、まず技術開発が最大の課題といえる。特に技術開発に長期時間がかかるシャシー、パワートレイン等の技術開発に力を入れるべきであろう。大手1次部品メーカーは、小規模中小部品メーカーのM&Aを通じて動力伝達装置事業を拡大し、次世代技術である統合制御システムの開発のために事業の多角化も必要である。環境にやさしい車の需要拡大により、国内電気、電子部品メーカーは電気自動車、ハイブリッドカーのプラットフォーム確保のために工夫をすべきである。部品業界の専門化のために、特定完成車メーカーに依存するのではなく、革新部品の開発に力を入れている動きが出はじめている。

第3項　現代自動車の技術力

1．現代自動車のエンジン技術

　現代自動車のエンジン技術についてみてみよう。現代自動車は三菱からの技術供与を受け，エンジン技術を取り入れていた。1975年に開発した国産モデル「PONY」に搭載されたエンジンも三菱のサターンエンジンである[66]。

　1991年現代自動車はαエンジンを開発し，小型車の「ACCENT」に搭載した。韓国で初めて開発されたエンジンである。その後1995年に準中型車用のβ，1997年に軽自動車用のε，1998年に中型車用のδと大型車用のσ，1999年に高級車用のω，2004年に中型車用のθ，2005年に大型車用のμとλ，2006年に小型車用のγなど独自のエンジンを相次いで開発した。うち，4気筒θエンジンは三菱とダイムラークライスラーに技術を移転し，ロイヤリティーを取得している。ダイムラークライスラーのダッジ・キャリバーにより加工され性能が高められた現代自動車のθエンジンが装着されている。起亜自動車は，アジア金融危機を機に現代自動車に合併された後，現代自動車とエンジンを共有してきた。もちろん起亜自動車独自で「CARNIVAL」用のJエンジンを開発したこともある。現代自動車と起亜自動車は7種類のガソリン・エンジンに加え，5種類のディーゼルエンジンを共有している[67]。

2．現代自動車のエコカー開発動向

　韓国自動車産業の全体の技術レベルが低く，エンジン関連，ABS（Antilock Brake System），エアバッグなどの中核部品技術は外国自動車部品メーカーからの導入に頼ってきた。自動車産業における中核技術の多くは欧米と日系主要部品メーカーの技術供与によるものであった。韓国知識経済部（旧産業資源部）は，2006年11月，20社の自動車部品メーカーおよび研究機関とともにハイブリッドカー基幹部品の国産化を進める計画を発表した。ハイブリッドカーの中核部品である，バッテリー，制御システム，駆動システムなどが対象であった。

　1990年代に入っては次世代自動車の開発にも力をいれ，1991年11月に電気自動車，1994年10月に水素自動車，11月には太陽エネルギー車，1995年4

月にはハイブリッドカーを開発した[68]。2007年からは南陽研究所でプラグインハイブリッドカーの開発もしてきた。現代自動車は2008年8月には，LG化学，SKエネルギー，SBリモーティブというバッテリー3社とプラグインハイブリッドカー用のバッテリー開発に協力することに合意した[69]。ハイブリッドシステム，燃料電池など次世代自動車部品関連技術は，莫大な投資を必要とし，韓国政府から毎年40億ウォンずつ計200億ウォンの支援を受け，2013年までに3社がバッテリーを開発量産する計画をたてた。2009年7月にはLPGHEV「AVANTE」の量産をはじめた。そしてLPGを燃料とするHEV車は世界初の試みである。韓国では，LPGの価格がガソリンの半額程度であり，初期段階では韓国市場のみで販売した。

2008年12月，鄭夢九はエコカー開発，小型車開発に注力するため，技術投資を積極的に行うと発表した。自動車分野で，R&Dに2兆7000億ウォンを投資する計画である[70]。現代自動車は，2010年3月末にアメリカニューヨークで開催されたオートショーで，同社開発のθ2ハイブリッドエンジンとハイブリッド専用の6段階トランスミッションを搭載した同社初の量産型のガソリンハイブリッドカーを公開した[71]。中型セダン「SONATA」ハイブリッドであり，業界初の軽量リチウムイオンポリマーバッテリーを採用した。電力優先で走行し，その後，ガソリン走行に切り替わるという。「Hyundai Blue Drive」という独自のハイブリッドシステムが搭載されている。現代自動車のハイブリッドカー，プラグインハイブリッドカー，燃料電池車すべてに「Blue Drive」が搭載される見込みである[72]。

現代自動車によると，「カムリやフュージョンは，CVTにモーターやジェネレーターを統合し，エンジンとモーターの出力切り替えを，CVTが行う。しかし，「SONATA」はエンジンとモーターの出力切り替えを6速ATが行い，トルクコンバーター部分にモーターを配置しているのが特徴である」。通常のソナタとの違いは，直噴ではなくアトキンソンサイクルとしている点で，各部のフリクションも徹底低減され，約10％の効率アップを果たしている[73]。また2次電池は，LG化学製のリチウムポリマーバッテリーで，蓄電容量は1.4kWhである。現代自動車によれば，「リチウムポリマーバッテリーは，ライバルのニッケル水素バッテリーに対して，20～30％軽量，10％高効率，1.7倍エネ

ルギー密度が高いというメリットを持つ」という。「カムリ」ハイブリッドのニッケル水素バッテリーは56.2kgだが，ソナタのリチウムポリマーバッテリーは43.5kg。そのおかげもあり，「SONATA」ハイブリッドは，クラス最軽量の1568kgの車重を実現できたのである[74]。

　さらに現代自動車研究開発総括本部李賢淳部長によれば，現代自動車ハイブリット自動車開発計画は3段階に分かれている。すなわち「2009年にLPGハイブリッドで韓国国内とヨーロッパ・中東・中国・インド市場を攻略した後，2010年にはガソリンハイブリッドで米国市場に力を注ぎ，2013年以降はプラグインハイブリッドで優位を確保する」のである[75]。

第3節　現代自動車グループの海外進出[76]

第1項　現代自動車の海外展開の必然性

1．国内需要の頭打ち

　現代自動車グループが，2000年以降急速なグローバル展開を進めているのは，グローバルTop 5に入るための必須戦略である。同グループは，生産規模の拡大だけでなく，アメリカとアジアの自動車市場で最もシェアを拡大させてきた企業である。その理由の1つは，国内需要の頭打ちである。同グループは，韓国国内市場では生産・販売とも全体の80％を超えている。しかし，韓国は人口が5000万人程度で，韓国国内市場の規模が小さく，国内需要がすでに頭打ちになった状態である。2009年末，韓国の自動車保有台数は前年比3.2％増加の1732万5000台に達した。うち輸入車台数が42万4000台に達し，保有台数全体の2.4％を占めている。自動車用途別の内訳をみると，自家用が1633万台（94.3％），営業用が93万台（5.4％），政府用が6万4000台（0.4％）を占めている[77]。

　そして，輸出の場合為替変動による損益が生じることもあり貿易摩擦も避けられないときがあった。そして輸入車の拡大により国内市場での競争が高まる状態にある。そこで，現代自動車グループは，1997年にトルコ，その翌年にインド，2002年には中国，2005年にはアメリカにと，相次いで海外工場を立ち上げ，現地市場の販売拡大を狙ってきた。

2. 労組紛争

　現代自動車が積極的に海外へ展開したもう1つの理由は，国内における長期ストライキによる労使関係の不安定問題である。賃金上昇により，生産コストが高くなっただけでなく，長期ストライキによる労組紛争で現代自動車は巨額の損失を計上したのは周知のとおりである。

　韓国自動車工業協同組合（KAICA）の統計によれば，2007年の韓国自動車関連企業の従業員は27万7319人に達し，製造業全体の9.6％を占めている[78]。うち，完成メーカーにおよそ12万人，部品メーカーには15万6000人が雇用されている。ほかに，原材料部門に13万1000人，販売，整備，運送など関連産業まであわせると，合計120万7000人に達する[79]。2014年時点でもほぼこの水準を維持している。このように自動車産業は韓国における最大の雇用創出産業であることから，諸産業の中でもとりわけ労組の影響を強く受け，ストライキによる影響も大きい。例えば，単一生産ラインを混流生産ラインに改編しようとしたときも，大型車ラインで小型車を投入しようとしたときも労組の猛烈な抵抗を受けた。混流生産の導入は海外自動車メーカーにとっては常識的なことであっても，韓国では労使の合意なしには，生産ラインの再編，人員削減などは不可能である。

　それでは，現代自動車のストライキによる影響を具体的にみてみよう。1987年に現代自動車労組が設立されてから，現代自動車はほぼ毎年ストライキの影響を被ってきた。1987年から2008年までのストライキで，現代自動車は合計11億6000万ウォンの影響を受けた。ここで2008年の例をあげ，現代自動車におけるストライキによる損失額をみてみよう（図表2-9を参照）。2008年は，景気不振とガソリン価格の高騰で海外市場では小型車の売れ行きが好調であった。海外から現代自動車の「AVANTE」，「i30」，「VERNA」など中小型車の注文が殺到したが，労組のストライキにより，生産ラインが止まってしまい，供給ができなくなった。2008年の1月から9月まで現代自動車では10回のストライキが行われた。ストライキによる現代自動車の売上損失はおよそ7000億ウォンで，起亜自動車の被害額まであわせると9000億ウォンを超える規模に達する。そして下請け部品メーカーへの損失額までカウントすると，およそ2兆ウォン以上に達する。

図表 2-9　現代・起亜のストライキによる損失額

区分	損失台数	損失額
現代	42,294	6,905
起亜	16,676	2,217

注：2008年の損失である。損失台数の単位は台，
損失額の単位は億ウォン。
出典：「現代起亜自のスト，産業界全体に悪影響」『朝鮮日報』2008年9月21日より。

　そこで，2009年にはストライキを避けるために，賃金を上げるなどの措置をとった。2010年7月には，現代自動車の従業員の賃金を4.9％，7万9000ウォンを上げるという決断を出した。起亜自動車においても，同じく賃金引上げを要求するストライキが行われている。起亜自動車の労組は2009年に11回にわたってストライキを行い，それによる売上損失額は8600億ウォンに達した[80]。2013年にも労組は8月20日から10日間にわたり，1日に4時間または8時間のストにより操業停止したことで，5万台の生産に影響が出た。被害額は9億3000万ドルに達するという。結局現代と労組は，5.14％の基本給引き上げ，1人当たり920万ウォンと基本月給5カ月分の賞与で合意していた[81]。
　一方，進出先北京現代では，販売量が急増するときは1日の作業時間を増やすことで，市場の需要変動にフレキシブルに対応できる。そして，国内では労組の反対により容易に実現できない従業員の再配置も，中国では簡単に行われた。たとえば，生産計画の変動，受注の変動があった時などは必要に応じて，北京現代第2工場の従業員を第1工場に配置するなどで，生産量を柔軟に調整できる[82]。

3．人件費の増加

　前述のストライキの影響で，現代自動車の人件費は年々増加する傾向にある。ここで，まず現代自動車の売上高に占める人件費の割合を，海外主要自動車メーカーのそれと比較してみよう。2006年時点でのデータでみると，トヨタ，ホンダはそれぞれ7.25％と8.02％で，GMは10.75％である。これに対して，現代自動車の売上高に占める人件費の割合は11.41％に達し，上述の3社より

高い水準にある[83]。

韓国労働部の資料によれば，各国の労使間の賃金団体交渉の期間は以下のようである。アメリカの場合法規定はなく，通常4～5年ごとに行われ，日本は最長3年間，フランスは最長5年間，ドイツの場合有効期間がない。このように外国では，3年から5年間に1度労使交渉が行われているが，韓国では，毎年のように労使交渉が行われている[84]。韓国では賃金交渉は1年，団体交渉は2年という期間となっている。

2010年1月に起亜自動車の第23回賃金交渉が行われた。起亜自動車はそれまで，勤続年数15年の労働者に対して，成果給としておよそ1125万ウォンを支給してきたが，労組側は成果給に加えて，賃金も現代自動車並みに引き上げてほしい，との要望を提示した。成果給は，基本給の300％に該当する460万ウォンに調整する要望であった[85]。

4．為替リスクの回避とコスト低減

現代自動車の海外展開は，為替相場に影響されない体制作りの結果でもある。周知のように自動車産業の収益増減は為替変動に大きく左右される。海外工場による「地産地消」は輸送コスト低減だけでなく，為替リスクの軽減にも大きく寄与することは言うまでもない。輸送コストだけでなく，部品調達コストにおいても節減効果がある。品質は韓国の部品より劣らないものの，コストはより低い現地進出グローバルメーカー及びローカルメーカーの部品や原材料を活用することで，部品調達費用を大きく低減することが可能となる。

第2項　現代自動車グループの海外拠点

1．カナダ進出の教訓

現代自動車はカナダへの輸出のためのカナダ自動車安全規制基準と寒地テストを，1982年からうけた。安全度38項目と排気ガス5項目，合計43項目にいたるテストを1983年3月まですべて通過した。1984年から「PONY」をカナダ市場に輸出され，同年末まで2万5000台売れた。カナダ輸入車販売台数の10.11％を占める[86]。

1985年には「ステラ」の輸出も開始し，2車種で7万9000台販売され，

カナダ輸入車種の21％を占めている。カナダ市場での販売が好調で，現代自動車は現地に部品工場と組立工場を設立することを決定したのである。現代自動車は1986年にカナダのブロモンに進出し，1989年稼動を目指して工場を建設した。1989年にカナダブロモンの10万台生産能力の工場が稼動し，「SONATA」生産を開始した。部品の大半を韓国から輸入して現地で組み立てる方式であった。しかし，カナダ進出では，徹底的な市場調査を事前に行わず，カナダ政府の要請と提示された投資条件だけで，北米への進出を決めた。カナダ工場が稼動した1989年，北米市場では日本メーカーが生産拡大したうえ，市場の萎縮もあり，供給過剰状態に陥った。現代自動車のカナダでの生産は3万台にとどまり，結局1993年10月には閉鎖された。カナダ進出失敗後，現代自動車はKD方式による海外生産に転換した。1992年7月にはボツワナに2万台生産規模工場を設立し，「EXCEL」，「ELANTRA」のKD生産を始めた。以降，1993年にはタイ，マレーシア，エジプトに，1994年にはジンバブエ，インドネシア，フィリピンに，1995年には，パキスタン，ベトナム，オランダ，ベネズエラ，トルコにKD工場を設立した。ベトナム工場だけが10万台規模に達し，他の工場は5000台から2万台までの小規模であった[87]。

2．現代自動車グループの海外拠点

現代自動車はグローバル198カ国に海外生産及び販売法人を21カ所，海外研究所・デザインセンターを7カ所，海外地域本部及び事務所を22カ所持っている。以下進出年度順に，同グループの海外進出状況を追ってみよう。

現代自動車グループの本格的な海外進出は1997年にトルコに現地工場を立ち上げたことから始まる[88]（図表2-10を参照）。トルコ工場は，現代自動車と現地企業のASSANと50％ずつ合弁で設立された，現代自動車初の海外完成車生産工場である[89]。トルコ市場には1970年代からフランスのルノーが進出し，1990年に入ってからはアメリカの自動車メーカーも進出していた。現代自動車がトルコに進出したのは，当時の所得水準に比べて自動車の普及率が低く，潜在市場があると判断したからである[90]。それに加えて，トルコはEUと関税同盟を締結しており，トルコで低コストにより生産した自動車をヨーロッパに輸出し収益を得ることが可能になる。トルコでの生産車種は

図表2-10　現代自動車の海外拠点

進出先		量産	生産能力	2013年生産
トルコ	イスタンブール	1997.7	10	10
インド	チェンナイ第1	1998.9	30	63
	チェンナイ第2	2008.2	30	
中国	北京現代第1	2002.11	30	104
	北京現代第2	2007.2	30	
	北京現代第3	2011	30	
	塩城起亜第1	2002	13	55
	塩城起亜第2	2007	30	
アメリカ	現代アラバマ	2005.3	30	39.9
	起亜ジョージア	2009	30	36.9
スロバキア	起亜ジリナ	2007	30	31.3
チェコ	現代ノショヴィツェ	2009.3	30	30
ロシア	現代サンクトペテルブルク	2012	15	23
ブラジル	現代ピラシカバ	2012	15	16.7

出典：現代自動車ホームページ及び韓国自動車産業協会より。

「ACCENT」,「STAREX」である。

　その後，新興市場（BRICs）の急成長に着目し，1998年にインド，2002年には中国に生産工場を立ち上げ，海外生産を本格化させた。インドでは，15万台生産能力のある工場を100％独資で投資し，「SANTRO」,「VERNA」を生産した。インドでは1998年10月に第1工場，2008年2月に第2工場を竣工し，2工場を合わせると生産能力は60万台に達する。生産車種には，「SANTRO」,「VERNA」,「AVANTE」,「SONATA」,「ELANTRA」などがある。インドに進出したのは，中国などに比べると進入障壁が低く比較的に進出が容易であり，巨大なインド市場の潜在力を狙ったのである。もう1つのメリットは，当時インド市場に進出していたグローバルメーカーは赤字状態にあり，マルチ・ウドヨクというスズキの合弁企業が自動車市場を主導しており，強力なライバルがないと判断したからである。

　中国進出に続いて2005年には，アメリカのアラバマ州，2007年にはヨーロッパのスロバキアのほかチェコにも進出し，グローバル展開に拍車をかけ

た[91]。アメリカ進出は2001年に決定したが、アメリカ自動車産業の全体状況を総合判断し進出時期を見送ったのである。アラバマ工場は2005年5月に竣工し、「SONATA」、「ELANTRA (AVANTE)」などを生産している。生産能力は30万台に達する。当時アメリカ市場においてはGM、フォード、ダイムラークライスラーなどの大手の占有率が58.2％に達し、それに加えてトヨタ自動車も燃費が良く価格競争力の高いモデルでフルラインナップ化し、市場占有率を拡大していた。しかし、北米における「SONATA」、「SANTAFE」などの主力モデルの販売が増加し、為替レート及び労使関係問題によって北米への輸出供給が不安定であった。その時に、アラバマ州政府が工場敷地を無償提供し、2億5280万ドルの金融支援条件まで提示したのである。現代自動車は2005年3月から、30万台生産能力をもっているアラバマ工場で「SONATA NF」、新型「SANTAFE」などの生産を始めた[92]。

　その後、ヨーロッパ市場への販売モデルの生産拠点として、人件費の安いチェコに進出することを決めたのである。それまでインド拠点で生産しヨーロッパ市場に輸出したが、ヨーロッパ市場の需要に応じて現地生産に切り替えたのである。

　ちなみに、インドで生産していたi20のほとんどはヨーロッパに輸出した。チェコでは2008年11月から生産開始し、生産能力は20万台に達する。16億4000万ドルを投じたチェコの現代工場が2009年9月に完成した。2011年には30万台に拡大するという。チェコ工場ではコンパクトカー「i30」、「i30cw（ワゴン）」を生産している[93]。いずれもヨーロッパ戦略モデルであり、とりわけ、i30はヨーロッパ市場における人気車種である。現代のチェコ工場とスロバキア工場はわずか85kmの距離にあり、相互補完体制として、チェコ工場ではトランスミッションを、スロバキア工場ではエンジンを生産する形に棲み分けた[94]。起亜のスロバキア工場では2007年から「CEED」を生産開始した。

　日系企業が強いアセアン市場には、韓国はかつて3回の進出を検討したが、タイミングを逃したのである。具体的にいえば、1995年、2004年、2008年に、タイとインドネシアに進出しようと試みた[95]。現代自動車グループのアセアン、アフリカ市場攻略は1990年代後半に始まる。1994年にアフリカのジンバブエにQMC (Quest Motor Company) を設立し、乗用車の組立を始めた。年

間生産台数は1万台に達し，タイヤ以外のほぼすべての部品を現代が供給した。

同じく1994年にフィリピンではItalcar Pilipinas Inc.社と乗用車の組立生産契約を締結した。同国では「EXCEL」を年間2千台規模で組み立てることから始め，2年後の生産能力は倍増した。現代はエンジン，トランスミッション等中核部品を供給し，技術供与の代わりに1台当たり60ドルのロイヤリティを受けとったという。

3．海外生産比率の増加

新しい工場の稼働，新モデルの投入，マーケティング戦略により現地販売の増加などの要因により，海外生産比率は年々増加している。現代・起亜の海外生産は2013年時点で400万台を超え，前年比8.4％増加の410万台に達する。410万台の内訳をみると，現代の海外生産は287万台で，起亜のそれが123万台に達する。それぞれ，前年比15％と8％の増加である。これで同グループの海外生産は54.3％に達する。

地域別にみると，インド以外のすべての海外工場で同グループの生産が前年増である。中国では第3工場の稼働により，現代の現地工場だけで104万台を生産する実績を残した。前年比21.6％増加である。アメリカ工場では「3交代」の導入により，現代が39万9000台，起亜が36万9000台を生産した。起亜自動車はSUVの人気により，ほとんどの海外市場で増加傾向をみせた。

2010年時点で，現代自動車はインド，トルコ，中国，アメリカ，チェコに合計190万台の生産能力を，起亜自動車は中国，スロバキア，アメリカ3カ国に105万台の生産能力をもっていた。ロシアとブラジルに15万台規模の工場を建設中にあり，中国インドにも30万台規模の工場をそれぞれ増設中である。上記のことは，これらの増設中の工場が稼働すれば，2012年にはグループ全体の海外生産能力が400万台に達すると想定したのである。

同グループの海外生産台数は2001年の9万台から，2003年には25万台，2005年には63万台，2007年には91万台，2009年には150万台に達した。1997年には国内生産比重が99.5％で，海外生産がわずか0.5％であったが，以降，海外生産比重は徐々に増加し，2002年に6.6％，2004年に21.8％，2006年に35.5％，2009年には海外生産比重が48.2％に達した（図表2-11を参照）。

図表 2-11　現代自動車の海外生産比重の増加推移

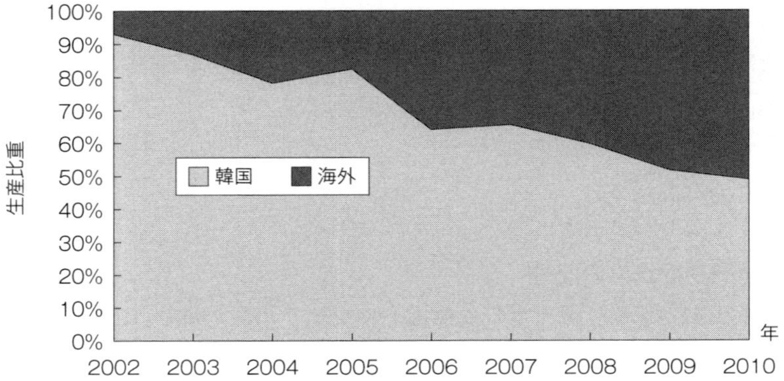

注：2010 年のシェアは韓国自動車産業研究所による推計である。
出典：韓国自動車産業研究所（2010）より作成。

2010 年の現代自動車の生産計画で推計すれば，海外生産は 50.9％に達すると見込んだのである。

中国進出は，「グローバルトップ 5」の戦略のために不可避であった。グローバル 500 万台の生産体制を構築するためには，海外生産のなかでの最大の自動車市場の中国への進出が必要だと判断したのである。ちなみに，2010 年時点でグローバル 4 位と 5 位は，VW とルノー日産であり，それぞれ，511 万台と 499 万台の生産体制を構築している。

同グループのグローバル市場における 2010 年上半期販売台数は，275 万 3000 台に達し，前年同期比 34％増加で過去最高記録（上半期）である。ここ数年間のグローバル市場での販売台数の推移をみると，2007 年に 397 万 8000 台，2008 年に 418 万台，2009 年には 464 万台を販売した。GM，トヨタ，VW，フォードに次ぐ第 5 位である。現代自動車グループはアメリカ市場で中型セダンの「SONATA ターボ」，「SONATA ハイブリッド」，小型セダンの「AVANTE」，高級車の「EQUUS」などを投入し，起亜自動車は SUV 車の「SPORTAGE」や中型セダンの「K5」を投入した。ヨーロッパ市場では，SUV 車の「TUCSONix」，「SPORTAGE R」を投入した。中国市場では，中国向けの小型車ベルナ，「SPORTAGE R」を投入した。

第3項　新興市場での活躍ぶり

　現代自動車グループは，他の自動車メーカーよりも早い時期にBRICs市場に参入している。

　現代自動車の新興市場への進出はインドから始まる。インドの巨大な自動車市場の潜在需要とライバル社より市場優位を確保するため，進出を決定した。インドはヨーロッパ，中東，アジアへの輸出拠点としても最適な位置であり，物流費用の節減につながる。低賃金の労働力も豊富な市場である。1998年インドのチェンナイ工場が稼動した。

　進出当初から，インド現地消費者の趣向に合う独自モデルの開発に努力した。マーケット調査で高温多湿の気候，家族中心の利用形態，短距離，中低速走行習慣などの結果を得た。そこで，ボディー，グリルのデザインを変更し，インドの道路事情を勘案してサスペンション，Hornとブレーキの耐久性を補強した。エンジンもMPIという最新エンジンを組み付け，低価格高品質の小型車の投入に成功した。投入車種には，「SANTRO」と「ACCENT」の2車種があった。「SANTRO」は販売中心で，「ACCENT」は利益中心という政策を取った[96]。

　インド市場では，マルチスズキが「スイフト」を，タタが「ナノ」を，フォードが「フィーゴ」を，GMが「シボレービート」を，現代自動車が「i20」，VWが「ポロ」と，各社は相次いで小型車を投入した。中でもマルチスズキのシェアが47％と圧倒的に大きい。日産は2010年に初のインド向け車種の「マイクラ」を投入し，トヨタも「エティオス」という車種を2011年から投入した。GM，ルノー，タタ社などのライバル社も低価格新車を続々発売し，インド市場における競争はますます激しくなっている。

　2009年，現代自動車インド法人が販売した自動車台数は55万9000台に達する。2008年と比較し14.4％の増加である。うち，インド国内市場で28万9000台を販売し，史上最高記録であった。残りの27万台はヨーロッパに輸出した。2009年のインド自動車市場規模は141万台に達し，現代自動車の市場占有率は20.6％に達する。ちなみに，インド市場での第1位は前述したマルチスズキである。

図表 2-12 は，現代・起亜自動車の海外拠点における自動車販売台数を示したものである。海外拠点のなかでも，とりわけインドと中国，そしてチェコでの販売増加が目立つ。インドは 2007 年の 32 万 7000 台から 2009 年には 56 万台弱にまで増加し，中国では 2003 年の 23 万 2000 台から 57 万台まで販売が増えた。そして，チェコでも生産能力の拡大とともに，2009 年の販売台数が，11 万 6000 台と 10 倍に増えた（図表 2-12 を参照）。2008 年 6 月から建設を始めたロシア工場もすでに稼働した。初期段階では，10 万台の生産能力を構築し，小中型乗用車を投入するという。

現代自動車は 2007 年 4 月から，ブラジルで Caoa グループによる CKD 組立生産を開始した。小型ピックアップトラックの「PORTER」を組み立てており，年間 5 万台規模に達する。そして 2012 年に現代のブラジル工場が稼働した。初期生産能力は 15 万台に達する。当初は現代自動車のサプライヤーパークに 6 社随伴進出したほか，その他の地域に 2 社進出した。現代のサプライヤーパークに入居している韓国自動車部品メーカー各社の取引先は 100％現代

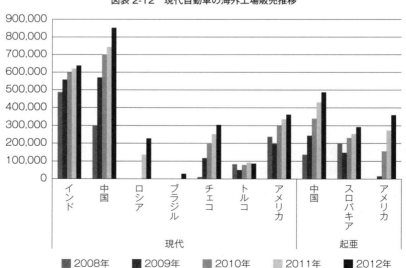

図表 2-12　現代自動車の海外工場販売推移

注：単位は台。
出典：韓国自動車産業研究所（各年版）により作成。

自動車である。ブラジルでは輸入車に35％の関税など合わせて40％ほどの税金をかけていることから，韓国では2000万ウォンもしない「AVANTE」の例をあげると，ブラジルでは倍以上まで販売価格が上がっている。このような税制問題を克服するために，現代自動車はブラジルで直接生産することにより価格競争力を確保することになった。新規発売した「HB20」はサンパウロの現代自動車展示場1カ所だけで1カ月の間に600台も越える契約が行われたそうだ。2013年1月には「HB20」のスポーツ用多目的車タイプなども投入し，ブラジル市場だけでなく周辺国への供給まで視野に入れて同国を位置づけていた。

　ここで1つ注目すべきことは，現代自動車の場合，基本的に20万台からの生産から始めるが，ブラジルは珍しく15万台から生産をスタートした。ただ，市場状況によっては，生産能力は拡大していくと考えられる。インタビューに応じたサプライヤーパークの部品企業らも，当分は現代自動車の15万台分を供給し，現代自動車の販売拡大によっては，部品の生産能力を合わせて拡大できるように備えていると答えた[97]。

　部品種類及び企業によってローカルコンテンツは違うが，例えば樹脂部品生産企業のHB社の場合は，ローカルコンテンツ70％で輸入が30％である。原材料は韓国から輸入をする。DM社の場合は，ローカルコンテンツ90％で韓国，メキシコからの輸入が10％に達する。輸入する部品は主に小さい部品ということだ。一方，ローカルコンテンツが5％以下の会社もあったので，現地調達は今後の課題になる。

注

1　現代自動車の統廃合過程は，現代自動車『事業報告書』各年版と韓国自動車工業協会（2005）『韓国自動車産業50年史』，Kim, Lee（2005）をベースに整理した。
2　Kim, Lee（2005），210ページによる。
3　現代自動車（2002）『事業報告書』による。
4　現代自動車（2004）『事業報告書』による。
5　現代自動車（2007）『事業報告書』による。
6　「世界的規模の総合研究開発団地現代自動車南研究所」『自動車生活』1999年11月。
7　現代自動車（2001）『事業報告書』と起亜自動車（2002）『事業報告書』による。
8　Kim, Lee（2005），211ページによる。
9　同上書，212ページによる。
10　同上書，211ページによる。

11 同上書，211 ページによる。
12 同上書，212 ページによる。
13 プラットフォームの統合による規模の経済性の一例として，例えば中型車の場合 30 〜 40 万ウォンの開発費用の節減が達成できるという（同上書，212 ページによる）。
14 CARNIVAL はディーゼル車であったが，アメリカではガソリン車が多く売られた。起亜自動車には大型ガソリンエンジンがない状況で，鄭社長は EQUS の大型エンジン 3500cc エンジンを搭載し，アメリカ輸出で大成功した（同上書，211 ページによる）。
15 FOURIN（2009），72 ページの「現代世界主要プラットフォーム別生産，製品展開戦略」による。
16 「現代車，プラットフォームを 6 つに統合」『朝鮮日報』2010 年 6 月 16 日。
17 「現代起亜自動車，車プラットフォーム統合を加速化」『中央日報』2009 年 5 月 17 日。
18 「現代車，プラットフォームを 6 つに統合」『朝鮮日報』2010 年 6 月 16 日。
19 「現代自動車グループ，持ち株会社へ転換か」『毎経エコノミー』2009 年 9 月 16 日。但し，現代モビスの現代自動車株買収関連ニュースの報道後，現代モビスの株は 9.86％も下落したという。
20 出資総額制限とは，資産総額が 10 兆ウォンを超える企業集団に属し，かつ 2 兆ウォン以上の資産を所有する会社が，別の会社に出資する場合，その金額を純資産の 40％以内に制限する制度である。1986 年 12 月に，大企業グループのむやみな拡大を防ぐため導入され，2009 年 3 月同制度は廃止され，持ち株会社規制緩和，企業集団公示制度の導入などを骨子とした，公正取引法改正案を議決した（公正取引委員会（2009）『公正取引白書 2009』より）。
21 GLOVIS（2009）『GLOVIS2009 年経営実績と 2010 年展望』による。
22 現代自動車ホームページより。
23 「現代自動車グループの物量目標」『PRESSIAN』2010 年 8 月 16 日。
24 「現代自動車グループ，持ち株会社へ転換か」『毎経エコノミー』2009 年 9 月 16 日。但し，現代モビスの現代自動車株買収関連ニュースの報道後，現代モビスの株は 9.86％も下落した。
25 2010 年 2 月 25 日，R 社提供資料による。
26 本項は各社のホームページ，事業報告書，監査報告書及び各投資証券会社をベースに整理した。
27 現代自動車（1997）『現代自動車 30 年史』，269 ページ。
28 現代自動車（2000）『事業報告書』より。
29 現代自動車（1997）『現代自動車 30 年史』，270 ページ。
30 現代自動車（2010）『事業報告書』の系列会社の現況による。
31 Nice Investors Service「現代起亜自動車グループの力は強化されているのか」2010 年 3 月。
32 「現代 WIA，国内最初中国で大規模変速機を受注」『現代・起亜グループニュースプラザ』2010 年 6 月 2 日。
33 前掲『現代自動車 30 年史』，367 ページ。
34 現代モビスの事業内容については，第 5 章でさらに詳しく考察することとする。
35 2010 年 2 月 24 日，R 社におけるインタビューによる。
36 Nice Investors Service「現代起亜自動車グループの力は強化されているのか」2010 年 3 月。
37 同上。
38 本節は各社のホームページ，事業報告書，監査報告書及び各投資証券会社をベースに整理した。
39 Jung, Jo, Lee, Kim（2008）より。
40 現代・起亜グループニュースプラザより。
41 前掲『現代自動車 30 年史』，358 ページ。
42 「起亜自・光州第 2 工場，米品質調査でブロンズ賞」『聯合ニュース』2010 年 6 月 28 日。
43 起亜自動車（2010）『事業報告書』，25 ページ。
44 「モーニング，ポルテ，ソウル」『Economychosun』2009 年 2 月 6 日。

45　FOURIN のデータによれば，韓国の排気量別乗用車分類は以下のようである。ミニ（軽自動車）：〜1000cc，コンパクト：1001〜1600cc，小型：1601〜2000cc，中型・上高級：2001cc〜（FOURIN（2009），22 ページ）。
46　「韓国自動車業界を占う」『日経ビジネスオンライン』2009 年 2 月 18 日。
47　「韓国自動車業界を占う」『日経ビジネスオンライン』2009 年 2 月 18 日。
48　同社の事業報告書による。
49　前掲『現代自動車 30 年史』，386 ページ。
50　韓国自動車工業協同組合（2009），17 ページ。
51　韓国自動車産業研究所（2010）による。
52　Nice Investors Service「現代自動車の力は強化されているのか」2010 年 3 月。
53　現代自動車（1997）『現代自動車 30 年史』，363 ページ。
54　同上書，362 ページより。
55　同上書，363 ページより。
56　現代自動車ホームページより。
57　現代自動車ホームページより。
58　Hyundai Press Release，2003 年 7 月 12 日。
59　Jo（2006），214-215 ページ。
60　Jo（2006），87-89 ページ。
61　Jo（2006），216 ページ。
62　2009 年 2 月，R 社訪問時のプレゼン資料による。
63　前掲『現代自動車 30 年史』，395 ページ。
64　2010 年 2 月 25 日，元現代モビス社員 K 氏に対するインタビューによる。
65　現代・起亜グループニュースプラザによる。
66　前掲『韓国自動車産業 50 年史』による。
67　「進化する韓国のエンジン技術」『朝鮮日報』2006 年 12 月 6 日。
68　前掲『現代自動車 30 年史』，732 ページ。
69　LG 化学ホームページによる。
70　現代・起亜グループニュースプラザより。
71　「現代自動車，米でソナタの HEV 初公開」『NNA』2010 年 4 月 2 日。
72　現代・起亜グループニュースプラザより。
73　「ヒュンダイ ソナタにハイブリッド…クラストップの燃費性能」『レスポンス』2010 年 4 月 1 日。
74　LG 化学ホームページによる。
75　「現代車，トヨタと異なる独自技術でハイブリッドカー開発」『中央日報』2008 年 8 月 26 日。
76　本節は各社のホームページ，事業報告書，韓国自動車工業協会資料及びインタビューをベースに整理した。
77　韓国自動車工業協会（2010），48 ページ。
78　第 1 章第 1 節を参照。
79　「現代起亜自のスト，産業界全体に悪影響」『朝鮮日報』2008 年 9 月 21 日。
80　「起亜自労組，賃金を現代自並みにしてほしい」『朝鮮日報』2010 年 1 月 18 日。
81　『ロイター』2013 年 9 月 10 日。
82　2010 年 4 月 27〜30 日，同社におけるインタビューによる。
83　「現代起亜自のスト，産業界全体に悪影響」『朝鮮日報』2008 年 9 月 21 日。
84　「韓国の自動車メーカーが生き残るために」『朝鮮日報』2009 年 1 月 15 日。
85　「起亜自労組，賃金を現代自並みにしてほしい」『朝鮮日報』2010 年 1 月 18 日。

86 前掲『現代自動車30年史』，370ページ。
87 同上。
88 1989年にカナダに進出し，海外現地生産を試みたが，わずか5年で撤退した。それ以降は，主に海外でのKD組立を行った。
89 ASSANは現地で現代自動車の販売をしてきた現地メーカーである。
90 Rhee, Kang, Cho（2008），89ページ。
91 アラバマ工場は，年間30万台規模の生産能力を備えている。同グループは，すでに北米地域に製品開発から，A/Sまでに至るまで全部門にわたる現地化システムを構築した。
92 Rhee, Kang, Cho（2008），90ページ。
93 「現代自がチェコに工場，EU初の生産拠点」『NNA.ASIA』2009年9月28日。
94 「現代自動車，チェコの大型工場が完成」『東洋経済日報』2009年10月2日。
95 2012年7月RS社でJ氏とP氏におけるインタビューによる。
96 2012年7月RS社提供資料及びインタビューによる。
97 2013年3月，同社ブラジルサプライヤーパークにおけるインタビューによる。

第3章
現代モビスの誕生と位置づけ

第1節　現代モビスの誕生
第1項　現代モビスの事業内容

　現代モビスの前身は，1977年に設立された現代精工である。2000年に自動車組み立て部門から撤収し，同年11月にMobileとSystemを組み合わせて自動車の部品及び統合システムを意味するモビスに社名を変更したのである。現代モビスの事業部門は大きく部品事業とモジュール事業に分けられる。A/S（アフターサービス）部品を含めた部品事業は現代モビスの重要な収益源である。部品事業では，韓国国内だけでなく現代自動車グループの海外法人が生産する全ての車のA/S用部品を供給している。安定的な部品供給のために物流センターなどインフラを構築し，166車種の196万品目（在庫では約75万品目）を管理している。従業員数は2002年3月時点で3665人（そのうち研究開発に携わる技術者は379人）であったが，2010年の3月末時点では6129人まで増えた[1]。

　現代モビスの主要製品をみると，電子油圧制動装置であるESCを始め，ABS，TCS，新技術のAAS，そして電子ステアリング装置であるMDPSなど，各種の自動車電子制御システムを設計および生産している[2]。また，CBS，ステアリングコラムとオイルポンプ，インストルメントパネル，キャリア，バンパーなどの射出品なども生産している[3]。そして自動車の電子化，軽量化の趨勢に応えるために，韓国ナンバーワンの電装部品企業である現代AUTONETを吸収合併し，自動車電装部品の開発と生産にも力を入れている[4]。

　2006年以降は，次世代自動車関連分野にも力を入れて，ハイブリッドカーの駆動モーターとバッテリーシステム（バッテリー，インバーター，コンバーター）も供給している。たとえば，ハイブリッドカーなどエコカー用リチウム

イオンバッテリーパック（モジュール）の開発と生産に備えるためにLG化学と合弁会社HL Green Powerを京畿道に設立した。投資額は2510万ドルで，現代モビスとLG化学が，それぞれ51％と49％を投資した。初期には，20万基のバッテリー生産能力を構築し，2014年には生産能力を40万基に拡大する見込みである[5]。そして現代モビスはフロントエンドモジュール事業を強化するために，ランプ事業にも進出した。三星グループ傘下のSamsung LED社とLEDフロントライトを共同開発することを打ち出し，5550万ドルを投資して韓国の金泉市に工場を立ち上げた[6]。現代モビスのモジュール事業に関しては，本章第3節で詳しく考察することにする。

第2項　選択と集中による統廃合過程[7]

1．部品事業における統廃合過程

自動車産業の再編に伴って従来の部品取引関係が大きく改編され，韓国の自動車部品調達構造にも変化が現れた。とりわけ自動車にとって中核部品といえる駆動系，電装系等同業種の間で競争が激しくなり，多くの吸収合併が行われた。その吸収合併の主役を演じたのが現代モビスである。以下，同社の統廃合過程をみてみよう。現代モビスを中心とする部品事業とモジュール事業における統廃合過程は，『現代モビス30年史』，『現代自動車30年史』を参考に整理した。

まず現代モビスの部品事業部門の統合過程をみてみよう。現代モビスの前身である現代精工は総合機械メーカーとして設立され，コンテナ，戦車，鉄道車両，工作機械等を生産していた。コンテナ事業では一時期日本企業を抜き世界1位を占めたこともある。1989年には四輪駆動自動車組立事業にも参入し，蔚山工場で「GALLOPER」，「SANTAMO」などの完成車を生産すると同時に自動車部品も生産していた。自動車部品の供給先は100％現代自動車であった。三菱と技術提携を行い，同社のモデルを導入したのである[8]。

1997年には「GALLOPER」の販売台数が急増し，自動車生産は現代精工の重要な事業部門となった。自動車産業への参入に続いて，大型工作機械，鉄道車両，電車，防衛産業，産業機械など重工業分野にまで参入し，事業の多角化を図った。しかし，1999年現代自動車は現代グループから分離し，鄭夢九が

抜本的な構造改革を進め，現代モビスも構造調整を余儀なくされたのである。同時期は，海外ではデルファイがGMから，ビステオンがフォードからそれぞれ独立し，デンソーも独自の競争力の確保を図りながら，トヨタへの売上依存度を緩め始めた時期でもある。鄭夢九はこのような海外における自動車部品メーカーの動きを意識しながら現代モビスの構造改革を進めた。そして，このような鄭夢九の自動車部品を中核とする「選択と集中」により，多くの事業部門が統廃合された[9]。

現代モビス（鄭夢九）にとってもっとも大きい決断は，それまでに中核事業部門であった自動車組立て事業から撤退したことである。自動車と工作機械事業部門は現代自動車に移管され，鉄道車両部門は1999年7月にROTEM（旧韓国鉄道車両株式会社）に移管された[10]。2000年にはコンテナ事業を閉鎖し，翌年に防衛事業を売却した[11]。そして2000年1月と11月に，現代自動車と起亜自動車からA/S部品販売事業をそれぞれ引き受けた。現代モビスのA/S事業部門は，現代自動車の3つの系列会社と起亜自動車の5つの系列会社の補修用部品事業の統合により生まれたものである。

現代自動車傘下の3つの企業とはそれぞれ，現代自動車，現代自動車サービス，現代精工車両事業である。そして起亜自動車傘下の企業とは，起亜自動車，起亜サービス，亜細亜自動車，亜細亜サービス，大田販売サービスの5社である[12]。現代自動車グループの一員となった起亜自動車へのA/S用部品供給もこの2000年から開始したのである。

以上のような統合過程で，現代モビスは現代自動車グループのA/S用部品供給権を独占することになったのである。統合過程で，現代自動車の部品事業部に所属していた3000人が現代モビスに移籍した。統廃合によるもう1つの大きな変化は部品供給において，それまで直接現代自動車に納品してきた部品メーカーは現代モビスを経由して納品することになったことである。

従って，複数発注，公開入札，納品価格の引き下げなどをはじめとする費用節減の圧力は，結局現代モビスのTier1，Tier2企業に転嫁されることになった。つまり，現代モビスは部品のコスト削減による競争力の強化を意識しながら，統廃合を行ったのである。たとえば，現代モビスは，非正規職の導入拡大や労働強度の強化によるコスト競争力の強化を図った。このような統廃合過程

で，中小部品メーカーのなかには原材料価格の上昇，納品単価の引き下げにより，運営資金確保の困難で倒産したメーカーも多数あった。

2002年1月には，特殊重機およびプラント事業部門もROTEMに売却し，部品事業における統廃合は一段落したと考えられる。以降，現代モビスは自動車専門メーカーとなり，その中核となる事業は部品開発生産及び販売となった。以上のような統廃合過程を経て，それまで韓国の自動車部品産業を主導してきた万都機械に代わって，現代モビスが総合自動車部品メーカーとして浮上してきたのである[13]。

2．モジュール事業における統廃合過程

次に，モジュール事業における統廃合過程をみてみよう。1999年にシャシーモジュール生産を開始した現代モビスは，2000年以降から海外の部品メーカーと技術提携を行い，シャシーモジュール，コックピットモジュールなどの開発に積極的に取り組みはじめた[14]。

2000年11月には，KASCOのIn-panel生産工場を買収し，2001年には同社のコックピットモジュール事業も買収した[15]。KASCOの前身は起亜自動車系列の起亜精機であり，本社は昌原にある。アジア金融危機で経営破綻し，1999年に韓国プレンジに買収された後社名をKASCOに変更したのである。カスコの製品をみると，シャシーモジュールに組みつけられる制動装置，パワーステアリング，オイルポンプなどを生産していた。先端制動装置であるABS（Antilock Brake System），ESP部門は現代モビスの重点育成事業の1つであり，KASCOの買収はシャシーモジュールのうち一番重要なブレーキシステムの事業の強化と品質向上に寄与したのである。

2002年に入ってはシャシーモジュールを生産するファシンを統合し，同年の8月にはシャシーモジュールを生産していた万都の龍仁工場と浦縄工場を統合した。龍仁工場は2002年8月から，年間30万台規模のシャシーモジュールを組み立て，「EF SONATA」及び「GRENDURE XG」に供給し始めた。浦縄工場では，2003年10月から起亜自動車華城工場の生産モデル「CERATO」にシャシーモジュールの供給を開始した[16]。2002年に，ボッシュの天安工場とe-HD.comからAuto pc事業も買収した。e-HD.comは2004年にWIAに合併

された。2002年2月にはSeoJin産業の梨花工場を買収した。梨花工場はそれまで，起亜自動車の「SPORTAGE」にシャシーモジュールを供給していた。現代モビスに買収された後は，現代モビスはイファモジュールの工場敷地を買収し，従業員はハナモジュールという新法人を立ち上げて管理した。SeaJinは収益の高いモジュール事業部を現代モビスに取られてしまい，結局2次部品メーカーに転落した。2004年3月にはバンパーを生産していたエコプラスティック（旧アポロ産業），ヘッドランプを生産していたインヒライティングを買収した。同年6月には，ジンヨン産業からプラスティック射出事業を買収した[17]（図表3-1を参照）。

統廃合過程で現代モビスは，イファモジュールと，ジンヨン産業は吸収合併しても，従業員は別途の会社を作って管理した。エコプラスティックの従業員はDeazongインダス，ジンヨンの従業員はI&P TECHという会社を，それぞれ別途で作って従業員を管理したのである。協力部品メーカーによる派遣社員を活用することで，人件費を変動可能にして生産量の増減にフレキシブル対応することが可能となった。そして，こうした措置は労組に対応する1つの手段だったと考えられる。

以降現代モビスは現代自動車におけるモジュールの開発と生産を担当することにより，モジュール専門メーカーとして成長した。モジュール化に伴い，そ

図表3-1　現代モビスによる自動車部品メーカーのM&A

M&A時期	対象企業	対象事業
2001年	KASCO 天安工場	コックピットモジュール
2002年	ファシン	シャシーモジュール
2002年2月	ボッシュコリア天安工場	ABS
2002年7月	万都龍仁／浦縄工場	シャシーモジュール
2002年7月	e-HD.com	Auto Pc事業
2003年3月	Seajin産業	シャシーモジュール
2004年3月	エコプラスティック	バンパーモジュール
2004年6月	ジンヨン	プラスティック射出

注：エコプラスティックは旧アポロ産業である。e-HD.comは2004年にWIAに合併された。
出典：現代モビス（2007）『現代モビス30年史』286-287ページ，現代モビス『事業報告書』各年版より作成。

れまで完成車メーカーと直接取引を行っていた1次部品メーカーが2次部品メーカーとなり現代モビスへ納入するケースが増え，1次部品メーカーの現代モビスは現代自動車グループの分業システムを維持していく中核を担っているといえる。現代モビスが，かくも急速に成長しモジュール中核企業になりえたのは，先に紹介したように，現代モビス自身が，自動車を生産した経験を有したことが大きく貢献したといっても過言ではない。周知のように現代モビスを通じた構造調整は，当初はそれほど世間の注目を受けてなかった。近年現代自動車グループの急成長に伴い，徐々に現代モビスの位置づけと役割に関心が向けられ，世間の注目を浴びるようになった。

第3項 「基軸的 Tier1」になった要因

1．零細だった自動車部品産業

1980年代の自動車部品産業の零細さが，現代モビスのTier1育成要因の1つでもある。アジア金融危機の影響で経営破綻に陥った起亜を傘下に入れた現代自動車グループは生産能力の確保が必要となった。当時韓国の自動車部品メーカーの年間の売上高は100億ウォン以下と小規模かつ零細であった。自動車部品メーカーの自主的な技術による競争力確保が困難となったのである。自動車部品の専門メーカーとして育成された万都と漢拏空調が通貨危機を契機に外資系企業に吸収合併されるなど，韓国系部品メーカーへの外資の資本参加が増加するなか，現代自動車にとっては長期的かつ安定的な部品調達システムの構築が急務となった[18]。

万都機械のエアコン工場は，UBSキャピタルに買収され万都空調になった。スターターを生産していた慶州工場はフランスの部品メーカーであるバレオに買収されバレオ万都になった。エアバッグを生産していた工場はスウェーデン資本に買収されオートリブ万都になった。カムコはボッシュに，エアバッグを生産していた星宇はデルファイに買収された。

安定的な部品調達は，結局完成車の品質競争力，価格競争力に関わるのである。つまり，現代モビスが自動車部品専門メーカーに成長した裏には，自動車産業の環境変化による外圧要因があったのである。このような背景で，現代モビスは部品事業を本格化するため自動車部品のモジュール化を積極的に推進し

た。要するに，現代モビスはアジア金融危機を契機に，韓国自動車部品メーカーのうち収益が見込めると判断した事業部門を次々と買収統合したのである。現代モビスの統廃合により，韓国自動車部品産業全体の構造調整が行われたのである。

当時現代自動車は部品産業の垂直系列化戦略をとったのである。すなわち，現代モビスを中核自動車部品企業とし，電装部品ナビゲーション分野では，系列社の現代モビスと関連会社の現代オートネット，変速機分野では現代POWERTECHと現代DYMOSと，垂直系列化を図ったのである。他にコックピットとステアリングモジュール分野では，現代モビスとWIA，空調システムでは漢拏空調，ブレーキ，ABS（Antilock Brake System）分野では，現代モビスと万都という部品生産体制が整ったのである（図表3-2を参照）。

図表3-2　現代自動車系列部品メーカー・関係社納品金額比重

	企業名	生産品目	納品金額	順位
系列社投資会社(17.8%)	現代モビス	モジュール	19,195	1
	WIA	T/M AXLE	4,775	4
	DYMOS	T/M AXLE	3,578	8
	KEFICO	BCU	3,477	9
	現代POWERTECH	AUTO T/M	2,367	17
	BONTEC	BCU, AUDIO	966	56
	WISCO	CON ROD	159	240
	TRWステアリング	STEERING	868	64
	日進AUTOMOTIVE	BEARING	523	104
関連社(5.9%)	現代AUTONET	AUDIO	4,306	5
	韓国フレンジ	CV JOINT	2,528	15
	KASCO	BRAKE	1,695	29
	星宇オートモーティブ	BATTERY	1,009	51
	現代AUTOMOTIVE	SEAT	2,385	16

注：単位は億ウォン。2002年時点の状況である。なお順位は韓国国内での序列である。
出典：Jo, Lee, Hong, Lim, Kim (2004), 144ページ。

2．鄭夢九と現代モビス

　前述した現代モビスにおける部品事業及びモジュール事業の統廃合戦略には鄭夢九が関わっていた。現代モビスの統合から現代自動車の統合など，構造改革の全過程にこの人物が関わっていたのである。ここでは，鄭夢九と現代モビスの関係について探ってみよう。

　彼は，1938年3月19日，鄭周永の次男（長男が事故死したので，事実上長男）として生まれた。漢陽大学工業経営学部を卒業し，大学の名誉博士（人文学）を取得した。1970年に現代自動車ソウル事務所所長に勤め，1973年には現代建設理事，現代精工（現代モビス）の社長に，1981年現代鋼管の社長に就任し，1987年現代産業開発／現代精工／現代自動車サービス／鋼管／仁川製鉄会長に就任し，1996年の現代グループ／現代総合商社会長を経て，1998年に現代・起亜自動車の会長に就任した。そして，2000年8月31日に現代自動車を現代グループから系列分離化させたのである[19]。

　鄭夢九は現代自動車の株の5.2％，現代モビスの7.91％，現代製鉄の12.58％，現代HYSCOの10％，GLOVISの25.66％をもっている[20]（2008年時点）。鄭夢九は直接かつ間接的に，現代モビスをコントロールしている。

　欧米の場合，自動車部品メーカーは独自の研究開発及び設計能力をもっており，完成車メーカーとの交渉力ももっている。デルファイ，ボッシュ，ビステオンなどは完成車から独立している。日本の場合は，完成車メーカーが自動車部品メーカーに投資し，研究開発においても部品メーカーをサポートする。部品メーカーの製品開発に対する関与度も高い。自動車部品メーカーから開発人員の派遣なども行われ，完成車と部品メーカーの関係が緊密につながっている。しかし，現代モビスと現代・起亜との関係はある意味「独占」関係にある。この3社の収益の帰属先はすべて鄭夢九である。

　現代自動車グループでは，モジュール化の役割がその1次部品メーカーである現代モビスに集約されている。従来の設計・開発，生産，部品調達の機能の一部を現代モビスに移しモジュール化を推進している。ただ，現代モビスは単純に自動車部品を生産供給する自動車部品企業ではなく，現代モビスは現代自動車の最大株主であり，実質的現代自動車を支配する持ち株会社である。ただ，現代モビスは現代自動車の最大株主であることは，韓国における出資総額

制限制度の影響によるものでもある[21]。

　現代モビスは現代自動車グループの中核となり，他の会社を支配し，これらの会社の配当が現代モビスの収入となる。つまり，現代モビスは鄭夢九にとって最大の収益の源泉である。後述する海外展開先中国でも現代モビスを通してグループ全体の収益をコントロールしている。現代自動車グループの循環型出資構造の中枢となって，現代・起亜という2つの完成車メーカーと自動車部品メーカーの間で，収益を吸収する。

3．大手モジュールメーカーとなった要因

　現代モビスがモジュール開発をはじめ，今日の大手Tier1部品メーカーに成長できたのは，以下のような背景があったからである。まず，現代モビス（鄭夢九）が果敢に自動車部品事業に進出できたのは，現代精工時代のA/S部品事業経験と四輪駆動自動車事業の経験が大きく作用したと考えられる。1967年からフォードとの技術契約を行い，1975年からは「PONY」も量産していたが，フォードからの原材料とA/S部品供給が円滑に行われていなかった。それを解決するために自動車部品製造も始めたのである。すなわち，現代モビスは現代精工時代から現代自動車への部品供給を行ってきたのである。

　現代モビスは1985年6月には現代車両を吸収合併し，鉄道車両事業を始め，四輪駆動自動車事業にも参入したのである。「GALLOPER」など車両開発の経験，三菱との提携での車両製造技術の蓄積，そして，現代車両会社のそれまでのA/S事業の経験，これらはすべてが現代モビスの自動車部品専門メーカーへの生まれ代わりの要因として作用した。鄭夢九自身が，現代自動車グループ内の複数の企業に勤めた経験もあり，容易にA/Sと自動車製造業両方について把握し，果敢に決断することができた。

　その当時，鄭夢九はすでに海外完成車メーカーを訪問し，モジュール化動向と必要性を認識していた。当時，アメリカ，日本の自動車メーカーが，デルファイ，デンソーなどの大型部品メーカーを通じて国際競争力を強化していた。そのような国際動向をみて，現代モビスの役割について模索し始めたのである。その結果，モジュールの設計，開発，テスト，製造までのすべてのプロセスと，品質保証までを現代モビスがその責任を担うこととなった。すなわ

ち，現代モビスは現代自動車の前方だけでなく，後方関連事業も担っていることになる。これらの諸機能の現代モビスへの移転により，現代自動車は生産ラインの短縮，新モデル開発期間の短縮ができた。モジュール開発機能まで，現代モビスに移転されることによって，現代自動車の研究開発の負担が緩和された。現代自動車は設計部隊のうち50～60名を現代モビスに異動させ，シャシーモジュールをはじめとする多様なモジュールの開発能力を急速に育成しようとした[22]。現代モビスがこれらの機能を統轄することで，現代自動車は生産と販売に資源を集中できたのである。したがって，現代自動車はより多くの資源を海外展開に向けることができ，グローバルメーカーに成長する原動力ともなったのである。

以上は現代モビスがモジュールメーカーとして生まれ変わることを可能にした主たる理由である。

第2節　現代モビスの実力

第1項　現代モビスの技術開発について

1．技術提携状況

まず，現代モビスの技術研究所について考察してみよう。現代モビスは現代精工時代から昌原工場内に技術研究所をもっていた。1982年4月に，十数名から成る現代車両付設研究所として発足した。1985年2月には開発部隊を30名以上に拡大し，馬北里に新設された現代グループ技術研究所に移転した。馬北里技術研究所は，現代グループ全体の研究開発を行うために，1984年5月に設立されたのである[23]。

現代モビスの技術研究所は，初期段階では鉄道車両の技術開発に力を入れ，以降，事業の多角化にあわせて電車開発などの分野にまで広げた。だが，1986年7月に政府は「産業合理化措置」を発表し，自動車産業における過当競争と重複投資を規制しはじめた。それまで事業の多角化を図ってきた現代モビスは特装車両の生産を中止し，技術集約型の精密機械と自動車分野を主力事業に育成する方針に変えた[24]。

しかし，上述の措置により1986年から3年間，乗用車，小型商用車部門

の新規参入が禁止され、現代モビスの車両事業は見送られたのである。1989年に同規制が解除され、現代モビスは同年に四輪駆動自動車開発のために、「J-carプロジェクトチーム」を立ち上げ、車両開発を始めた。1990年11月には、テストセンター（試験棟）を新設し、四輪駆動自動車の開発のめに部品開発とテストを本格的に推進した。1991年に139億ウォンであった研究開発費は、1993年の車両事業拡大とともに270億ウォンに倍増し、さらに1996年には490億ウォンまで大幅に増加した。1996年時点で、売上高に占める研究開発費は2％であった[25]。

以降、海外有力メーカーとの技術提携を積極的に推進した。1989年6月、アメリカの「ECS ROUSH」と「X-100」という多目的車両における技術提携をおこなった[26]。同年10月には三菱とも技術提携をし、「GALLOPER」の生産を始めた[27]。「GALLOPER」は生産を開始してから5カ月で、5000台の生産記録を突破した。販売では同時ジープ市場を主導していた双龍の「KORANDO」を追い抜き市場シェア1位に達した[28]。1992年の総販売台数は2万3738台に達し、四輪駆動車市場シェア51.9％を占めた。これは現代モビスの同年における売上高の22％を占めており、自動車部門は同社の主力事業として浮上した。

図表3-3は、現代モビスにおける技術提携状況を表したものである。モジュール技術分野においては、Textron、ZFとそれぞれコックピットモジュールとシャシーモジュールにおける製造に関する技術提携を行った。ABS

図表3-3　現代モビスにおける技術提携状況

技術分野	提携対象	提携内容
モジュール	Textron	コックピットモジュール製造に関する技術提携
	ZF	シャシーモジュール設計に関する技術提携
ABS	ボッシュ	ブレーキシステム開発に関する技術提携
エアバッグ	Breed	エアバッグシステム開発に関する技術提携
I/P	Textron	I/P製造技術
電子・情報	アルパイン、Siemens	マルチメディア関連技術

注：ABSは、Antilock Brake System。
出典：現代モビス『事業報告書』各年版より作成。

(Antilock Brake System) 技術分野ではボッシュとブレーキシステムの開発に関する技術提携をし，エアバッグ分野では Breed とエアバッグシステム開発に関する技術開発を行った。I/P 技術においては Textron と，電子・情報技術においてはアルパイン，Siemens とマルチメディア関連技術に関する提携を行った（図表 3-3 を参照）。

2．技術開発能力

以上みてきたように，現代モビスは初期段階では，ドイツのボッシュなどの先進国の技術供与により部品を生産してきた。だが 2009 年時点では，エアーサスペンション，車両制御装置などの多くの分野で独自技術を確保した[29]。現代モビスは現代 AUTONET を統合した後，電子部品の開発にさらに力を入れており，これらの中核電子部品開発の成功は現代モビスの収益を大幅に増やしている。2007 年 11 月，先端操向措置（MDPS）制御ユニット及び光学式センサーの国産化に成功した[30]。制御ユニットと光学式センサーは，モーターで駆動する先端操向措置（MDPS）のコア部品である。

国産化により価格の安定，為替変動リスク回避，コア部品の安定供給などが期待される。現代モビスは京畿道浦縄に年産 80 万台規模の MDPS 生産工場をもっており，新型「AVANTE XD」，「i30」，「CEED」に供給している[31]。

車の安全部品であるブレーキシステム関連技術については，現代モビスは長い期間ボッシュと技術提携を行っており，ロイヤリティーを支払わなければならなかった。同時に技術開発における独立を目指して，同社は 2001 年前後からブレーキシステム開発を進め，2008 年には，ついに電子小型ブレーキシステムを開発した。同システムはスリップを防止する ABS 及び，ESC（Electronis Stability Control）の 2 種類が含まれる。

第 2 項　現代モビスの実績推移

次に，近年における現代モビスの実績推移をみていくと，売上高が 2006 年の 8 兆 1000 億ウォンから 2008 年には 9 兆 3000 億円ウォン弱に達した（図表 3-4 を参照）。アジア金融危機以降の再編により，現代と起亜の部品販売権を獲得したことが，売上高の急成長につながった。2008 年の売上高のうち，部

図表 3-4　現代モビスの実績推移

	2006 年	2007 年	2008 年
売上高（億ウォン）	81,680	84,909	92,974
部品事業（A/S）	26,289	28,421	30,355
モジュール事業	55,391	56,488	62,619
営業利益（億ウォン）	8,166	8,245	9,091
部品事業（A/S）	5,093	5,720	6,101
モジュール事業	3,073	2,525	2,990
営業利益率（％）	10.0	9.7	9.8
部品事業（A/S）	19.4	20.1	20.1
モジュール事業	5.5	4.5	4.8

出典：現代モビス『事業報告書』2000～2009 年版より作成。

品事業の売上高は 3 兆ウォンと 32.6％を占めており，モジュール事業の売上高は 6 兆 3000 億ウォン弱で現代モビス売上高全体の 67.3％を占めている。ただ 2008 年の営業利益からみると，全体の 32.8％は部品事業による利益であり，A/S を含めた部品事業は現代モビスの主要収益源である。営業利益率からみても，部品事業のほうが 20.1％に達しており，モジュール事業の 4.8％より高い。図表には載せていないが，韓国自動車工業協会の統計データによれば，2009 年の純利益は 1 兆 6000 億ウォンであり，2008 年の 1 兆 900 億ウォンより 46.8％増加した。2009 年のモジュール部門の売上高は 7 兆 2000 億ウォンであり，2008 年より 16.1％上昇した。A/S 事業部門の売上高は 3 兆 4000 億ウォンで，13.3％増加した[32]。

　自動車生産の場合，部品が製造コストの 7 割以上を占めており，自動車メーカーの部品調達政策次第で自動車部品メーカーの事業が大きく影響される。特に，技術力が優れた部品企業は完成車メーカーよりも収益性が高い場合があり，自動車メーカーと部品メーカー間の企業間関係を考察することによって，完成車メーカーの経営方針なども把握することができる。現代自動車グループにおいても，現代モビスの利益率は現代自動車本体の利益率よりはるかに高い。そこで，本書では中国に進出した現代自動車という完成車メーカーだけでなく，中国市場における韓国系自動車部品企業にまでその考察の枠を広げるこ

ととする。

第3項 現代モビスの受注推移

次に，現代モビスの海外完成車メーカーからの部品受注額の推移をみてみよう。2005年には，海外からの部品受注額はわずか297万ドルであったが，それ以降海外受注額は順調に増加し，2008年には4億7000万ドル，2009年には27億ドルの規模にまでいたる（図表3-5を参照）。現代モビスの実力が海外完成車メーカーに認められ，受注額が急増していることがうかがえる。この急増を生み出した直接的原因は，シャシーモジュールをクライスラーに納入した金額が20億ドルに及ぶ巨額の受注額であったからである。

現代モビスの主な海外供給先は，2004年まではクライスラーのみであった。2002年にステアリングコラム350億ウォン，2004年にはシャシーモジュール1800億ウォンの受注を受けたのである[33]。その後2006年にはMG自動車からステアリングコラム2000万ドル，華泰自動車からエアバッグ，パワーステアリングコラム3000万ドル，南京自動車から安全部品，ステアリングコラム約7000万ドルの受注をうけた。さらに2007年には長沙衆泰自動車からランプ3000万ドル，翌年に制動部品4000万ドルの受注をうけた。2009年に入るとダ

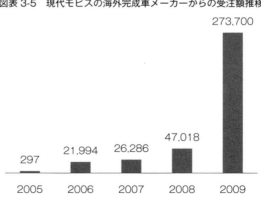

図表3-5 現代モビスの海外完成車メーカーからの受注額推移

注：単位は万ドル。
出典：「現代モビス，グローバル部品メーカーに浮上」『韓国経済新聞』2009年10月29日より作成。

イムラーよりオーディオ，IBS（知能型バッテリーセンサー）VW よりランプ 2000 万ドル，BMW と GM よりそれぞれリアランプと駐車ブレーキの受注をうけたが，両社からの受注金額は 9000 万ドルに及ぶ[34]（図表 3-6 を参照）。

注目すべきは，2009 年にクライスラーより，フロント，リアシャシーモジュールの受注を受け，その金額が 20 億ドルに達したことである。これは韓国の自動車部品メーカーの海外受注で過去最大規模となる[35]。フロントシャシーモジュールは，フレームにステアリングシャフト，制動装置である Caliper 及びブレーキデスクなど 11 の部品を組み合わせたものである。リアシャシーモジュールは後部座席の乗り心地を左右するサスペンション関連であり，Control Arm, Spring & Shock Module など 11 個の部品を組み立てたものである。これらのモジュールは，韓国国内では「ソレント R」などの SUV 車種に搭載される。

現代モビスはすでにデトロイトクライスラー工場近くに新規生産ラインを構築し，クライスラーの「グランドチェロキー」，ダッジ「デュランゴ」に使われるという。クライスラーへのモジュール製品納入拡大は，現代モビスのモ

図表 3-6　現代モビス海外 OE 部品受注推移

受注年	OE	品目	金額
2002	クライスラー	ステアリングコラム	350 億ウォン
2004	クライスラー	シャシーモジュール	1,800 億ウォン
2006	MG 自動車	ステアリングコラム	2,000 万ドル
	華泰自動車	エアバッグ，パワーステアリングポンプ	3,000 万ドル
	南京自動車	安全部品，ステアリングコラム	約 7,000 万ドル
2007	長沙衆泰自動車	ランプ	約 3,000 万ドル
2008	長沙衆泰自動車	制動部品	約 4,000 万ドル
2009	ダイムラー	オーディオ，IBS	1 億 3,000 万ドル
	VW	ランプ	2,000 万ドル
	クライスラー	シャシーモジュール（フロント，リア）	20 億ドル
	BMW	リアランプ	9,000 万ドル
	GM	駐車ブレーキ	

出典：「BMW と GM にも部品を供給」『現代・起亜グループニュースプラザ』2009 年 10 月 29 日より作成。

ジュール製品の品質が大手完成車メーカーより認められ始めており，それは現代モビスの競争力の向上を意味する[36]。現代モビスだけでなく，他の韓国自動車部品メーカーの品質水準も世界トップレベルになりつつあり，そしてウォン安による価格競争力により，海外完成車メーカーからの受注が増えている。しかし，海外からのモジュール受注の営業利益は全体の2～3％水準にとどまる。それ故，現代モビスでは営業利益率を引き上げるため，モジュール中核部品に対する独自研究開発と輸出にも力を入れている。同社はドイツのVWと中国の樺太自動車，南京自動車などのメーカーにステアリングコラム，制動部品（Antilock Brake System, Electronis Stability Control, ブレーキシステム），エアバッグ，ランプ等の部品を輸出している。

同社は2010年には中国民営自動車メーカーである吉利からランプの受注を受け，翌年の2011年からは日系企業にも部品供給を始めた。たとえば，三菱と富士重工の「スバル」に自動車用ランプを供給し，その受注額は2億ドルを超える。

第3節　現代モビスにおけるモジュール化

第1項　現代モビスの生産拠点

現代モビスは韓国国内の8地域に16カ所の生産工場を運営している。16カ所の生産工場とは，9カ所のモジュール工場と7カ所のコア部品工場から構成される。モジュール工場は京畿道に4カ所（所下里，梨花，浦縄，浦縄MDPS），忠清道に2カ所（瑞山，牙山），光州に1カ所，蔚山に2カ所もっている。FOURINの調査データによれば，主な韓国生産工場は以下の表のとおりである（図表3-7を参照）。

コア部品工場は牙山，天安，蔚山（車体・車輪の2工場）の4カ所にある。海外拠点をみると，中国，インド，北米，スロバキアの4カ国に12カ所の生産工場を稼働させている。うち，ヨーロッパに8工場がある。北米のToledo工場は2006年7月に，インドのチェンナイ工場は2006年11月に，スロバキア工場は2006年12月にそれぞれ稼働し，現代自動車向けにコックピットモジュールなどの供給を開始した。コックピットモジュールのほかにシャシー，

第3節　現代モビスにおけるモジュール化　113

図表3-7　現代モビスの国内生産工場

拠点	生産品目	生産能力	従業員数	主要供給先
蔚山第一	シャシーモジュール	160万基	392	現代（Tucson, Santa Fe, Avante, Getz）
	コックピットモジュール	45万基		
蔚山第二	ホイール	450個	168	
天安	ABS	100万個	200	現代
	エアバッグ	250万個		
	インストルメントパネル	100万個	340	
浦縄	MDSP（Motor-Driven Power Steering）	80万基	15	起亜（Opirus, Cerato, Carens, Optima）
	シャシーモジュール	n.a.	n.a.	n.a.
	電動パワーステアリング用ゴム			
所下里	コックピットモジュール	30万台	n.a.	起亜
	フロントエンドモジュール	15万台		
梨花	ローリングシャシモジュール	25万基	19	起亜（Sorento, Opirus, Cerato, Carens, Optima）
	コックピットモジュール	65万基		
瑞山	シャシーモジュール	20万基	n.a.	起亜（Morning）
	コックピットモジュール	20万基		
光州	コックピットモジュール	20万基	250	起亜（Sportage）
	フロントエンドモジュール	20万基		
旧KASCO光州工場	プロペラシャフト	n.a.	26	n.a.
牙山	シャシーモジュール	30万基	28	現代自（Sonata, Grandeur）
	コックピットモジュール	30万基		
	フロントエンドモジュール	30万基		
昌原（旧KASCO工場）	ブレーキ類、ポンプ類、プロペラシャフト	150万個	655	n.a.
	CBSブレーキ	100万個		
慶州	HIDランプ	n.a.	n.a.	n.a.
金泉	ランプ関係	－	900	n.a.

出典：FOURIN（2009），132ページ。

フロントエンドモジュールなども生産する。2009年にはチェコに進出し，30万台の生産能力をもっている現代自動車のNOSOVICE工場に部品を供給している。2008年にはロシア進出も決定し，1億ドルを投資しKAMENKA工業区に工場の建設に着手した。トルコ，ブラジルでも同じくモジュール工場を稼働させた。中国拠点に関しては第4章で詳しく考察する。

　図表は2009年データであり，それ以降も現代・起亜工場の増産，増設に対応するため，その都度現代モビスも増産で対応してきた。光州がその一例である。

　1999年10月鄭夢九の決断で蔚山工場に年産30万台規模のシャシーモジュール生産ラインを作ったのが，現代自動車グループのモジュール化の始まりである。1999年末には，現代モビスは起亜華城工場にモジュール組立ラインを設置し，「SPECTRA」，「CREDOS」，「POTENTIA」，「ENTERPRISE」にコックピットモジュールを供給した。

　2000年には「AVANTE XD」，「SANTA FE」にシャシーモジュール，2001年には「RAVITA」にシャシーモジュールを供給しモジュール化を積極的に進めた。2000年11月にはインストルメントパネル事業を合併した。2001年に蔚山モジュール第1工場を稼動して「TUSCANI」シャシーモジュールを生産し，2002年には京畿道梨花工場でシャシーモジュールを生産し，起亜の華城工場の「SORENTO」の組立ラインに供給した。起亜所下里工場では2001年から「CARNIVAL II」と「RIO」にコックピットモジュールを供給した。光州工場では，2004年からフロントエンドモジュールを生産し「SPORTAGE」に供給した[37]。現代モビスによれば，1999年のモジュール生産開始から2008年9月まで生産したシャシー及びコックピットモジュールは，それぞれ1714万5901台と1285万4099台に達するという[38]。

第2項　現代モビス経由の独特な部品納入方式

　現代自動車では現代モビス経由の独特な部品納入方式をとっている。特にモジュール調達は，現代自動車の部品調達政策の基軸的役割を担っている[39]。海外進出先においても，モジュール生産を現代モビスに任せている。例えば中国においても北京現代と東風起亜はモジュールの外注化を進めており，コック

ピット，シャシーなどのモジュールを現代モビスに外注している。すなわち，進出先においても現代モビスは自動車メーカーと多くの部品メーカーを結ぶ仲介企業の役割を果たしていることである。これにより，部品調達コストを削減することができ，他社に比べてより安い車を供給することができたという。

　ここではまず，韓国の代表自動車メーカーである現代自動車の生産システムについて考察する。自動車生産システムの変遷をみると，1950年代から1970年代まではフォードのコンベアシステム，1970年代から1990年代前半まではトヨタのカンバン方式，1990年代後半からモジュール生産システムが浮上した。在庫管理の角度からみると，自動車の大量生産時代から部品在庫を最小化するJust In Time（以下，JIT），部品を塊で供給することによってコストダウンを図るJust In Sequence（以下，JIS）に変遷したのである。現代自動車は1960年代後半のフォード主義の模倣および学習を通じて，1980年代にはフォード主義大量生産体制を確立し，1990年代にはリーン生産方式の導入と柔軟な自働化を積極的に推進した[40]。

　しかし，それ以降はJIT方式ではなくJIS方式を導入し，生産ラインと部品供給システムの同期化により組立工程の完全同期化を実現した。JIS方式とは，完成車メーカーの生産に合わせて，順序どおりにモジュールを生産し，必要時点で供給する方式である。つまり，完成車の組立に必要な3大中核モジュールであるシャシーモジュール，コックピットモジュール，フロントエンドモジュールを生産供給する現代モビスの生産システムである。韓国の完成車メーカーが情報システムの支援を受けて部品を生産ラインに投入する「序列供給（sequence delivery）」システムを稼動させたのは1980年代の初めからである[41]。

　現代自動車は1982年から情報システムによって生産計画を生産ラインに伝達するALC（Assembly Line Control）システムを稼動させ，その中でも体積が大きく在庫費用が多くかかるシート，クラッシュパッド，ドアトリム，マフラー等20～30個の部品に対しては序列供給システムを導入した[42]。

　シャシーモジュールは車体の骨格の役割をしており，車の安全と密接な関係がある。品質保証のために締結工具として電動NUT RUNNERを採用した。トヨタのJITシステムは時間帯別に必要な部品を注文するゆえに若干の在庫

が発生するが，JIS では自動車生産工程と同一の時間帯に部品が生産されることから在庫は一切発生しないというメリットがある。生産ラインの従業員はコンピューターを通じて作業指示票と組立映像，品質情報を随時確認しながら作業するモニタリングシステムを適用している。

物流においては，Trolley conveyor System を採用した。天井に取り付けられたトロリーコンベアにより，作業時間と順序に従って必要な部品を作業者に供給するこのシステムの導入で，組立及び資材供給時間を短縮でき，組立順序で部品が運ばれることから組立ミスを事前に予防し生産性向上に寄与できた。シャシーモジュール組立ラインでは，すべての部品をまとめて作業者に供給する KIT PICKING システムを運営している。他に，Conveyor System を設置できないところでは，AGV（Automatic Guided Vehicle）により部品を作業者に運ぶ[43]。

自動車組み立て順序をみると，ボディーは塗装ラインが終わった段階で艤装ラインに入る。艤装ラインは 79 分かかる。自動車仕様は，組み立てラインのうち塗装工程が終わった時点で決定され，仕様情報が現代モビスに伝送される。すると，現代モビスで仕様どおり組み立てが始まる。現代モビスでは組み立てに 29 分，積載に 10 分，運搬に 20 分かかる。つまり，序列待機時間が大よそ 20 分かかる[44]。

モジュールの種類によっては，これらの時間が違ってくる。例えば，コックピッドモジュールの場合は組立に 46 分，積載に 10 分，運搬と生産投入に 34 分とトータル 90 分かかる。そして，コックピットモジュールの場合艤装ラインで 101 分がかかる。すると，序列待機時間が 11 分ということになる。組み立てラインから直接積載して完成車組み立てラインまで運ぶ序列供給により，在庫はゼロになる。現代モビスは在庫管理費用だけでなく，現代自動車の在庫管理費用も節減できた。

現代モビスで行われているモジュールには代表的な 3 大モジュールであるコックピッド，フロントエンド，シャシーモジュールがあるが，それ以外にもヘッドライニング，ドア，シート，燃料タンクにまでモジュールが拡大されている。現代自動車は自動車全体のコンセプトとモジュール設計の基本方向だけを指定する。現代モビスでは現代自動車の開発過程と合わせて，現代自動車か

第3節 現代モビスにおけるモジュール化　117

ら指定されたモジュール設計方向に沿って設計作業を進める。従来は完成車メーカーで行われた開発設計を，現代自動車と現代モビスで分担して同時に設計を進めるということで，開発期間が短縮され効率よく設計作業を行える。

第3項　モジュール化の取り組み

次に，現代と現代モビスの韓国国内モジュール工場を中心に同グループにおけるモジュール化の現状を考察することにしたい。現代モビスのモジュール工場のうち，3種類のモジュールを全部生産している工場はこの牙山工場だけである。同工場は，モジュール化を考慮して設立された工場であり，柔軟な生産体制を導入した。モジュール化と自働化によって従来の組み立て方式の変化だけでなく，サブラインの廃止と縮小，作業工数の節減による作業人員の削減などの変化をもたらした。例えば組立工数の効果をみると，部品点数は約35％，重量は約20％，原価は約30％を節減することができた[45]。牙山工場では，「NF SONATA」，「GRANDEURTG」に組み付ける3大モジュールであるシャシー，コックピット，フロントエンドモジュールを57秒／台のスピードで生産している。消費者の希望どおりの仕様の車を作るためには，完成車の生産計画に合わせてモジュールを順序どおり納品する必要がある。モジュール化とJISシステムの導入により，完成車組立ラインは単一品種の生産ラインから，混流生産ラインへの転換が可能になり，生産ラインの効率をあげることができた。それは，かつての大量の計画生産時代より，現在よく行われている受注生産に向いていると考えられる。

シャシーモジュール，コックピットモジュール，フロントエンドモジュールなどに組み付けられる部品数はそれぞれ，29，42，16である。各モジュールラインで作業する熟練工の生産能力は年間30万台で，時間当たり標準生産量（UPS）は63台である[46]。このようなモジュール化により現代モビスが納品する部品はソナタ原価の25〜27％に達するという。部品点数からみると，車1台のうち，現代モビスが提供するモジュールと部品が40％を占めている。モジュール化の導入により，現代自動車は生産計画を月週日単位でネットワークを通じて部品メーカーに伝達する。週間計画には製品の基本モデル，オプション，カラー等の仕様と生産量が含まれる[47]。

ほかに、牙山物流センターは現代・起亜自動車が国内外で生産する 166 車種 140 万品目の純正部品を供給している。2008 年末には世界初の 3 次元グラフィックを利用した「物流倉庫最適化システム (Warehouse Optimization System)」を導入した。このシステムはナビゲーションの役割を果たし、保管状態の立体的分析、シミュレーションを通じて各部品の最適位置を判断し在庫管理コストの削減につながった。そして、物流センターから目的地まで、「より早くより的確に」部品を届けることができ、物流の最適化を図ると当時に、部品の在庫管理費用の最小化を達成した[48]。

そして、デジタルピッキングシステム (DPS) はボタン 1 つで旋盤から部品をピッキングでき、小型部品の管理に優れたシステムである。出庫予定の部品と数量を棚に設置された装置により自動的に表すことができる。ピッキングノートにあるバーコードをスキャナーで読み取ると棚の特定位置が自動的に光る。作業者は光るところに行って、電光板に現れた数字のとおり部品を取ってボタンを押すと、次のピッキング場所からランプが光る。このシステムにより熟練工でなくても作業を簡単にでき、生産性が 30％以上上がったという[49]。

世界でモジュール化が一番進んでいるドイツ VW「PASSAT」の生産工場におけるモジュール化率は 37％に達する[50]。現代自動車のモジュール化率をみると牙山工場の「NF SONATA」のモジュール化率は 36％ (2004 年 8 月時点)、「GRANDEUR TG」は 36％ (2005 年 4 月時点) に達する[51]。この数値は全国金属労組の 2006 年の調査によるもので、一番積極的にモジュール化に取り組んでいるドイツ VW の「PASSAT」生産工場のモジュール化率に近いことがうかがえる。

現代自動車のモジュール化率が高いのは、現代モビスに依るところが大きい。特に現代モビスと現代自動車工場はシャシー、コックピット、フロントエンドなどの大型モジュールの供給において JIS 供給方式を行っている。2 工場間は Mobile conveyor system によりつながっており、25 分間かかる。

Chung (2007) によれば、現代自動車の国内工場でのモジュール化率をみてみよう。牙山工場では 36％、蔚山工場では 12.5％から 36％であり、車種によってモジュール化率は違う。車種別では「TUCSON」のモジュール化率が一番

図表 3-8 車種別モジュール化率

工場	蔚山						牙山	
	第1		第2		第3	第4	第5	
車種	click	新Verna	santaFe	Tucson	Avante	Starex	Tucson	NF	TG
モジュール化率	27	-	24	36	26	12.5	36	36	36

出典：Chung（2007），42ページ。

高い。ちなみに，北京現代モビスのモジュール化率は65％という異常な高さになっていることは特筆に価する[52]（図表3-8を参照）。その理由は，現代モビスが韓国国内以上に強力なTier2への統率力を発揮した結果ではないかと想定される。

　ZFでもモジュール化を導入しているが，シャシーなど一部のモジュールにすぎない。シャシーモジュールに積極的に取り組んでいる世界主要メーカーにはAmerican Axle, ArvinMeritor, Benteler, Dana, GKN, Grede Foundries, ThyssenKrupp, Vallourec, ZF社などがある。ビステオン，デルファイなどの部品メーカーは，中国においてもモジュール化をすすめている。上海延鋒汽車飾件有限公司は，上海VWと上海GMにコックピットモジュールを供給している。同社は，TRWと合弁し，エアバッグや電子部品も一体にして供給する予定である[53]。

　コックピット，フロントエンドモジュールを生産しているメーカーとして，日本にもカルソニックカンセイがあるが，現代モビスではコックピット，フロントエンドモジュールだけでなく，シャシーモジュール，ドアモジュールなど重要なモジュールすべてを組み立てて現代自動車に納入しており，その意味では現代モビスは世界唯一の独特なTier1モジュールメーカーである。すなわち同業他社と比べると，ヨーロッパでは単品モジュール，現代モビスではすべてのモジュールを全部組み立てている。

　次にモジュールを導入した目的はコストダウンではなく，品質管理と効率化に目的があると現代モビスの社員は主張する。インタビューによれば[54]，現代モビスでモジュール化を導入した大きな理由には，安定的な部品供給により車の品質を保つことである。利益は二の次の問題である。言い換えれば儲ける観

点からみると,モジュール化は必要なシステムではない。市場の多様な仕様需要を満足させるためには4,5車種を同時に組み立てる混流生産をする必要があった。しかし,このような多品種混流生産を実現するためには,品質管理,物流管理が大きな課題として浮上した。このような課題を乗り越えると同時に,多様な仕様の車を生産できる混流生産システムを可能にしたのが,現代モビスが導入したJIS供給であった。

トヨタなどサブアッシーを完成車組立工場の中で行っているが,現代モビスでは批判的であった。なぜならば,物流というのは,仕様が多い場合,1つ1つ分離して管理したほうが効率的であるからという。それゆえ,現代モビスはJITではなくJISを導入したのである。仕様別の部品管理にはJISのほうが効率的である。現代モビスの方針としては,品質管理のためにはモジュール化は絶対的だと考えている。ただ,量が拡大するときにはモジュールがいけるが,そうではない場合モジュール生産方式は果たして効率的であるかどうかは疑問である。

現代モビスは現代自動車の部品,モジュール供給を担当し,現代は車体,デザインを担当する。開発に関しては両方が行っている。中国と韓国は同じ品質の車を作っている。中国は労務費が安く,一般経費(機械,管理など,労務費と材料費以外の費用)は改善努力の結果安く,材料費は現地で開拓したメーカーから購入しているため,韓国より安い車が作れる。

注
1 現代モビスホームページより。
2 主要製品は,同社ホームページによる。ESCはElectronic Stability Control, ABSはAntilock Brake System, TCSはTraction Control System, AASはAdvanced Airbag System, MDPSはMotor Driven Power Steeringの略語である。
3 CBSはConventional Brake Systemの略である。
4 現代モビス(2010)『事業報告書』による。
5 LG化学ホームページによる。
6 現代・起亜グループニュースプラザによる。
7 現代モビスの統廃合過程については,現代モビス(2007)『現代モビス30年史』,現代モビス『事業報告書』各年版と(2005)『韓国自動車産業50年史』,Kim, Lee(2005)をベースに整理した。
8 現代モビス(2007)『現代モビス30年史』による。
9 同上書。
10 現代モビス(2000)『事業報告書』による。

11　現代モビス（2001）『事業報告書』による。
12　現代モビス（2002）『事業報告書』による。
13　現代モビス（2007）『現代モビス30年史』による。
14　現代モビス（2001）『事業報告書』による。
15　現代自動車（2002）『監査報告書』による。
16　現代モビス（2007）『現代モビス30年史』，286ページ。
17　現代モビス（2005）『事業報告書』による。
18　韓国知識経済部（旧産業資源部）の統計によれば，1998年から2002年まで5年の間に，外資系自動車部品メーカーの韓国への直接投資は計70件あり，金額ベースでは881万ドルに達する。そのうち，最も多いのは通貨危機直後の1999年であり，計16件の503万ドルの直接投資が行われた（知識経済部ホームページ）。
19　現代自動車（1997）『現代自動車30年史』と現代自動車ホームページによる。
20　現代自動車（2009）『事業報告書』。
21　出資総額制限とは，資産総額が10兆ウォンを超える企業集団に属し，かつ2兆ウォン以上の資産を所有する会社が，別の会社に出資する場合，その金額を純資産の40％以内に制限する制度である。1986年12月に，大企業グループのむやみな拡大を防ぐため導入され，2009年3月同制度は廃止され，持ち株会社規制緩和，企業集団公示制度の導入などを骨子とした，公正取引法改正案を議決した（公正取引委員会（2009年）「公正取引白書2009」より）。
22　Jo（2005），210ページ。
23　現代自動車（1997）『現代自動車30年史』，362ページ。
24　同上書，217ページ。
25　同上書，216ページ。
26　同上書，233ページ。
27　同上書，234ページ。
28　同上書，235ページ。
29　「現代モービス，エアバッグとMDPSドルを稼ぐ」『韓国経済新聞』2009年5月10日。
30　MDPSは，Motor-driven power steeringのことである。「現代モービス，先端操向装置のコア部品国産化に成功」『朝鮮日報』2007年11月20日。
31　「現代モービス，先端操向装置MDPS国産化」『MONEY TODAY』2007年11月19日。
32　現代モビス（2010）『事業報告書』，24ページ。
33　クライスラーが生産するJeep WranglerモデルにComplete Chassisモジュールを供給したのである。
34　「技術の現代モビス，グローバル自動車メーカーラブコール」『Herald経済新聞』2010年3月29日。
35　「現代モビス，クライスラーから20億ドルの受注」『中央日報』2009年9月3日。
36　イ・ジュンヒョン海外事業部長は，「この4年間にわたりクライスラーにモジュールを供給しながら品質とコスト，技術，納期，協力会社管理部門で最高の評価を得て大規模受注に成功した」とコメントした（「現代モビス，クライスラーに2兆5千億ウォン規模シャシーモジュールを受注」『現代・起亜グループニュースプラザ』2009年9月3日）。
37　Lee（2007），231ページによる。
38　「BMWとGMにも部品を供給する」『現代・起亜グループニュースプラザ』2009年10月29日による。
39　しかし，現代モビスのモジュール化はまだ構成部品を寄せ集めただけの単純組立に近い段階で，機能開発もできる高度モジュール段階までには発展していないという見解もある（2010年2月24日R社の説明資料による）。

40 現代自動車は 1968 年にフォードと Oversea assembler Agreement を締結し，これをきっかけに経営，開発，KD 発注などでフォード主義生産システムを導入しはじめ，完成車の組み立てを始めた（周（2004），553 ページ）。
41 Jo（2005）による。
42 Jo／金訳（2009），30 ページによる。
43 「現代モビスの義王，浦縄，天安，牙山工場」『ECONOMYCHOSUN』2010 年 5 月。
44 2010 年 2 月 26 日現代モビスにおけるインタビューによる。
45 「YF モジュール，現代モビス工場で責任をもつ」『経済 Today』2009 年 7 月 31 日。
46 「現代モビス，自動車モジュール工場　直序列生産方式が世界から注目される」『Weekly 傾向』2009 年 11 月 10 日。
47 Chung（2007），43 ページによる。
48 「不良率ゼロの神話モビス牙山工場を行く」『エコノミックレビュー』2009 年 4 月 20 日。
49 「現代モビス，自動車モジュール工場　直序列生産方式が世界から注目される」『Weekly 傾向』2009 年 11 月 10 日。
50 Hyun（2008），143 ページによる。
51 全国金属産業労動組合連盟（2006）による。
52 2010 年 7 月 16 日，BM 社の J 氏に対するインタビューによる。
53 同社ホームページによる。
54 2010 年 7 月 10 日 BM 社におけるインタビューによる。インタビュー対象者は J 氏である。

第4章
現代・起亜と現代モビスの中国拠点

第1節　東風悦達起亜を中心とした拠点
第1項　現代・起亜の中国進出

1．中国市場の位置づけ

　現代自動車のグローバル拠点のうち，ここでは本研究のフィールドである中国市場に焦点を当てて，現代自動車の事業展開を考察することにする。周知のように中国市場には，世界各国の大手自動車メーカーが競って進出しており，現代自動車グループにとって，中国市場は2013年時点ですでに最大の販売市場となった。

　現代自動車グループの海外生産シェアをみても，中国市場での生産シェアは

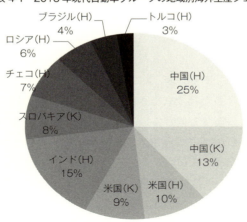

図表 4-1　2013 年現代自動車グループの地域別海外生産シェア

注：(H) は現代の生産拠点，(K) は起亜の生産拠点。
出典：韓国自動車産業研究所（2014）より作成。

38％を占めており（図表4-1を参照）中国市場は同社のグローバルにおける最大の牽引市場である。中国市場での販売は同社のグローバル全体における販売の2割を占める。

2．現代・起亜の中国拠点図

　現代自動車グループの中国での事業は北京，江蘇省塩城，山東省の3つの拠点を中心に展開されている。図表4-2の現代自動車グループの中国進出図を参照されたい。北京と塩城で，それぞれ北京現代と東風悦達起亜という2つの合弁による完成車メーカーを設立し，その周辺に現代モビスをはじめとする韓国自動車部品メーカーが随伴進出している。一方，山東省では日照のWIAエンジン工場を中心に，多くのTier2，Tier3の韓国自動車部品メーカーが進出しており，韓国への逆輸入を行っている。山東省平度市同和工業団地には42社の韓国系企業が入っている。

　鄭夢九は現代自動車の会長に就任した後，北京に「中国総括本部」を設立し，中国進出事業を進めた[1]。現代自動車グループの本格的な中国進出は2002年の北京現代の設立からであるが，それ以前に技術供与という形でも中国で事業を展開した。1993年東風汽車と合弁で，ミニバスを生産する武漢自動車有限公司を設立したのである。そこでは1994年から現代自動車の「H-100」モデルの技術供与を受け，生産を開始した。1994年9月には，600万ドルを投資し武漢万通汽車工業総公司とミニバスKD組み立ての契約を締結した。ミニバス「TM（Grace）」の技術供与であった。

　現代自動車は当初，出資比率21.4％の合弁の形式をとっていたが，2002年に東風悦達起亜の合弁会社設立をきっかけに武漢万通の持ち分をすべて東風グループに譲渡し，武漢万通から撤退したのである。2000年には合肥江淮汽車集団有限公司及び山東省威海市栄成華泰汽車有限公司と技術供与契約を締結した。前者にはMPV車「瑞風」と商務用車関連，後者にはオフロード車関連で技術供与をした。江淮汽車集団有限公司には，2001年からMPV「H-1」をKD方式で委託した。山東栄成華泰には，現代精工が以前生産していた「GALLOPER」の技術を供与した。「GALLLOPER」に続いて，2003年には「TERRACAN」のKD生産も開始した。年間生産能力はそれぞれ12万台と7

万台と規模が小さかった。進出当時は,北京現代で中高級乗用車を,東風悦達起亜ではエコノミータイプを,山東栄成華泰ではSUVを,江淮では商用車をという製品戦略であった。

2009年12月,現代自動車グループは内モンゴルの包頭北方奔馳重型汽車㈲との合弁で大型トラック製造企業北奔重型汽車有限公司を設立した[2]。4億ドルを折半出資し,4万台の生産能力を構築する予定である。包頭北奔は国有企業で,1980年代以降ドイツのベンツのダンプカー生産技術を取り入れて成長してきた。2008年時点で中国自動車企業上位30社に入った企業である。トラック,ダンプカー,牽引車など大型商用車を年間6万台生産しており,中国大型貨物車市場では第6位のシェアを占めている。これにより,現代自動車グループの中国での生産能力は107万台に達し,北京現代の第3工場が稼動すれば137万台の生産能力を確保できる。

最後に現代自動車の中国における輸入事業部門の沿革をみてみよう。2000年12月に現代自動車の完成車輸入事業部門が上海で設立された。現在の現

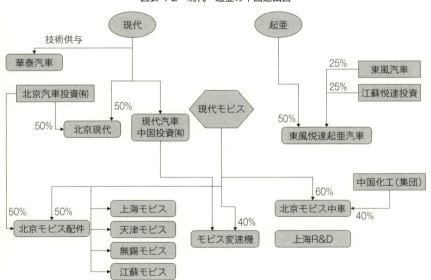

図表4-2 現代・起亜の中国進出図

出典:現代自動車グループ中国法人ホームページを参考に作成。

自動車(中国)完成車販売本部である。主要機能は,現代自動車の輸入車の販売,アフターサービスなどで,現代ブランド特許代理権も持っている。2005年1月に販売本部は北京に移転した。主な輸入車には,現在もよく売れている「EQUUS」(中国名「雅科仕」),行政用乗用車「ROHENS」(中国名「劳恩斯」),高級乗用車「AZERA」(中国名「雅尊」),豪華SUV車「VERACRUZ」(中国名「维拉克斯」),SUV車「NEW SANTA FE」(中国名「新胜达」)」とスポーツカー「NEW COUPE」(中国名「新酷派」)等がある。

以上のような経緯で現代と起亜は中国で完成車事業を展開したが,この章では,北京と塩城を中心とする完成車基地と,現代モビスの中国展開を考察し,北京現代と東風悦達起亜2社を中心に現代自動車グループの中国事業の現状を検討する。

第2項 塩城市の概要

まず東風悦達成起亜が立地している塩城市の概要をみてみよう[3]。塩城は5県,2市,2区を管轄しており,総人口は815万人(うち市内人口は100万人)で,江蘇省では南京の次に人口が多い都市である。塩城から上海まで288km,連雲港まで180km,北京まで1300km離れている。面積は1万6900平方キロメートルで,江蘇省では面積が最大の都市である。

塩城という地名は塩が取れることから名づけられたものである。現に塩城から上海までの高速鉄道を計画中で,開通したら上海まで1時間しかかからないという。開発区から20分離れたところにある大豊港は,韓国の釜山,仁川,日本の門司,長崎,博多およびロシアのウラジオストク行きの国際線が運航している。そして上海港までわずか1時間半の距離であり,上海港経由で東南アジア,欧米各主要港に運行している。人的資源が豊富で,区内に大学2校,技術専門学校も数校あり,毎年送り出す優秀な人材および熟練技術者は8万名に達する。塩城は人件費が低く,上海の60%,日本と韓国の10%,ヨーロッパの5%ほどに相当し,進出企業の価格競争力強化のプラス要因になる。

輸出加工区,保税物流センターでは,企業の保税,税金還付および貨物扱いなどに便宜を提供しており,直通式税関出張所では,外資系企業に24時間通関サービスを提供している。外資系中小企業,とりわけハイテク企業の創業に

対しては，無料あるいは低い賃貸料の建物を提供する。

　塩城経済開発区は1992年に設立され，現代・起亜，LG，日本富士重工，アメリカのジョンソンコントロールズなど世界上位500位に入っている企業が相次いで進出しており，韓国企業団地，イタリア企業団地，香港台湾工業園として発展している。開発区には自動車産業をはじめ，動力機械，IT，新エネルギーおよびサービス業などの産業集積が形成されている。

　塩城経済開発区には自動車機械関連企業が45社あり，そのうち完成車メーカーは3社ある。その3社は，東風悦達起亜，中大バス，悦達特種専用車である。2008年の自動車産業における売上高は198億元で，塩城市経済全体の90％を占めている。塩城市に進出した韓国企業は2008年まで累計200社を突破した。しかも他の地域とは違って撤退した企業は1社もない。

　塩城経済開発区には江蘇省唯一の韓国企業団地があり，同団地に入っている韓国企業はすでに60社以上である。そのうち半分近くは2007年に中国に進出した企業である。ほとんどは自動車部品企業である。これらの企業の塩城進出とともに，塩城駐在の韓国人も増えており，2009年9月時点では韓国人が1000人を超えたという。

第3項　東風悦達起亜の概況[4]

1．設立経緯

　それでは起亜の中国事業からみてみよう。まず合弁先東風汽車と悦達汽車についてみてみよう。東風汽車は中国政府が指定した3大自動車メーカーの1つであり，悦達汽車は塩城の代表企業である。両社ともに，政府との交渉力をもっていたが，技術力がなかった。とりわけ，東風汽車は1967年に設立してから軍用トラックの生産を中心にしてきたことから，乗用車分野の技術がなかった。しかし，東風汽車は国有企業であり，乗用車生産権をもっていた。そこで，乗用車技術の獲得のために，海外有力メーカーと合弁に乗り出したのである。以降東風汽車は，シトロエン，ホンダ，日産と提携，合弁会社を設立した。

　1992年にシトロエンとそれぞれ30％ずつ出資し神龍汽車を設立し，1997年から生産を稼動した。東風シトロエンの2003年販売比率は4.8％に達し，中国乗用車販売第6位を占めていた。ホンダとはそれぞれ50％ずつの出資で東風

ホンダを設立した。当時，中国自動車市場で第3位を占めている巨大グループであった。2002年の9月には日産自動車との提携により東風汽車有限公司を設立し，2003年7月から生産が稼動した。商用車では「東風」のブランドを，乗用車では「日産」のブランドという戦略をとっている[5]。

東風集団の生産基地をみると，襄樊では軽型商用車を，十堰では重型商用車，自動車部品を，武漢では乗用車を，広州では乗用車を中心に生産している。グループ全体の従業員は2004年時点で10万6000人に達する。2009年のグループ全体の自動車販売台数は189万7700台に達し，業界第3位を占めている。グループの子会社のうち，東風日産の規模が一番大きく，2009年に乗用車51.9％を販売し，中国乗用車市場第6位を占めている。

一方，起亜自動車側からみると，中国自動車製品目録管理制度の制限により，乗用車市場に進出するためには東風汽車との合弁は不可避であった。以下，その合弁経緯をみてみよう。起亜自動車は，東風汽車との合弁会社を設立する前に，すでに技術供与の形で中国に進出していた。1993年に，現代自動車は東風自動車と武漢万通自動車を設立したが，東風悦達起亜の設立当時と同時に，所有していた持分を東風に譲渡したのである。1997年に悦達グループと50％ずつの出資で悦達起亜自動車を設立した。初期の生産能力は5万台程度で，1999年から「PRIDE」の生産を開始した。

アジア通貨危機を経て現代自動車は起亜自動車の持ち株を引き受け，起亜自動車は1998年に現代自動車グループ傘下に入った。起亜自動車を買収することによって，現代自動車は2000年9月に悦達起亜の株式20％を獲得したのである。しかし，中国の自動車製品目録管理制度の制限により，悦達起亜の乗用車生産が認められなかった。そこで新しい会社の設立に乗り出したのである。2002年には，起亜，悦達，東風が悦達起亜自動車を基に，新規法人を設立した。それが東風悦達起亜である。3社の出資比率をみると，起亜が50％，東風汽車が25％，悦達グループが25％を占めている[6]。

2．生産体制と製品投入

塩城第1工場は2002年7月に設立され，年間生産能力は13万台に達する。主要生産車種には，「ACCENT」，「CARNIVAL」，「OPTIMA」，「CERATO」

第 1 節　東風悦達起亜を中心とした拠点　129

図表 4-3　東風自動車の中国事業概要

工場	生産稼動	生産能力	生産（組立）車種
第 1	2002 年 7 月	14	ACCENT, CARNIVAL, OPTIMA, CERATO
第 2	2007 年 12 月	30	RV
第 3	2014 年	30	―

注：生産能力の単位は万台／年である。
出典：現代自動車グループ中国法人ホームページを参考に作成。

などがある。2006 年時点での従業員は 1144 人に達する。2005 年の 10 月には生産能力の拡大のため，第 2 工場の建設を始めた。2007 年 12 月に生産能力が 30 万台の第 2 工場が完工し，東風悦達起亜の塩城での生産能力は一気に 43 万台にまで上がった。第 2 工場では，主に RV の生産をしている。2003 年 2 月には初の 4S 点を北京に設立し，2008 年の 11 月には南京に東風悦達起亜の販売本部を設立した[7]（図表 4-3 を参照）。

　当初は，「千里馬」と「PRIDE」の 2 車種を生産していた。「PRIDE」は合弁工場を設立する前の技術提携時代から生産していた車種である。2002 年 12 月に「千里馬」（1.6L，元「ACCENT」）を投入し，2003 年 5 月には「1.3L」を追加投入した。2 車種とも低価格と動力性能が評価され，評判がよかった。

　2004 年の 6 月には「CARNIVAL」，そして 9 月には「OPTIMA」を投入した。2005 年には「CERATO」（中国名「賽拉図」1.6L, 1.8L）を投入した。2007 年の 1 月には「RIO」を投入した。2007 年 12 月に稼動した第 2 工場では，中国市場専用の「CERATO」の生産を開始した。2008 年 6 月から「SPORTAGE2.0」を，2009 年には「FORTE」と「SOUL」を投入した。2009 年 11 月に広州モーターショーで，はじめて SOUL を公開し，「最優車型設計」などの賞をとった。SOUL は起亜自動車の高級ブランドである[8]。

　起亜自動車の第 3 工場がすでに稼働し，これで起亜自動車の中国における生産能力は 74 万台まで拡張した。第 3 工場は既存工場から 5km の距離の場所に位置する。

3．中国での生産販売実績

　東風悦達起亜の中国における生産実績をみてみよう。2003 年 12 月に東風悦

図表 4-4　東風悦達起亜生産販売推移

	2002	2003	2004	2005	2006	2007	2008	2009
販売	20,754	51,008	62,506	110,008	111,500	101,436	135,605	241,386
生産	20,080	52,017	63,266	110,080	114,523	105,919	138,665	243,618

注：単位は台。
出典：中国自動車工業協会統計データより作成。

達起亜の車両5万台目がラインオフした。生産台数は，2002年の2万台から，2003年には5万台を突破，2年後の2004年には3倍の6万3000台，2006年には11万4000台に達した。2007年には，中国の民営企業と外資系メーカーの値引き合戦で，一時販売不振となり，生産もそれに連動し初の前年比減少の10万5900台にとどまった。2008年には第2工場の稼動とともに生産販売が再び回復し，生産では13万8600台に達した。2009年には24万3600台まで生産が伸びた。

同社の販売台数の推移をみると，2003年に5万台を突破し，2005年には10万台を突破した。なかでも，「千里馬」の2003年販売量は4万台を超え，市場占有率は5.3％を記録した。2005年8月に発売した「CERATO」(1.6L, 1.8L)は，発売されてから半年間で販売台数が2万7000台に達した。しかし，北京現代自動車と同様，2007年に入って，生産，販売とも減少した。2008年には13万5000台，2009年には24万台の販売記録を出した。

FOURINの調査によれば，2007年7月時点で東風悦達起亜のコスト費用のうち75％を部品コストが占め，そのうち，現地調達部品は15％前後にとどまる。現代モビスの輸入部品の採用が多いことを反映する。2007年1月時点のFOURINが調査した各モデルの現地調達率は以下のようである。「OPTIMA」が40％，「CERATO」が70％，「ACCENT」が90％，「CARNIVAL」が62％

であり，引き続き現地調達率を引き上げることでコスト競争力を図る方針であるという[9]。

第2節　北京現代を中心とした拠点

第1項　北京現代

1．北京現代の生産体制

　ここでは，現代自動車の中国事業をみてみよう。中国への本格的進出のために現代自動車は，2000年12月に同社中国本部を上海に設立し，中国政府とのコンタクトを始めた。2002年7月，現代自動車と北京汽車はそれぞれ50％ずつ出資し合弁会社の北京現代を設立した。現代自動車は2億5000万ドルを投資し，それまで軽自動車を生産していた北京軽型汽車有限公司の順義工場を使用することにした。同工場は年間8万台の軽自動車生産能力を持っていた[10]。合弁期間は30年間であり，合弁会社の経営権は現代自動車が握ることになった。すなわち，現代自動車は購買，A/S事業も含む販売，企画など収益との関わりが深い部門を握り，生産，管理など収益との関わりが薄い部門は北京汽車側が担当することになったのである。

　北京現代は2010年現在，2つの完成車組み立て工場と，2つのエンジン工場をもっている（図表4-5を参照）。完成車工場の第1工場は2002年10月に設立され，30万台（66UPH）の生産能力をもっている。

　第1工場の面積は51.018㎡，従業員は1286名に達する。第1工場の主要生産車種には，「ELANTRA」（「AVANTE XD」），「TUCSON」，「EF SONATA」中国型（中国名「御翔」），「ACCENT」（「VERNA」）などがある。小型セダンの「VERNA」は「ACCENT」の後続モデルである。現代自動車は，中国における組立工場のすべてのラインで混流生産方式を導入した。第1工場では，上述の5車種を混流生産方式によって組み立てしている。

　第2工場は2008年4月に設立され，「AVANTE HD」中国型（中国名：「悦動」），「NF SONATA」中国型（中国名「NF 領翔」），「i30」，「ix35」（「TUCSON ix」）の4車種を，同じく混流方式で生産している。2010年3月には，生産拡大を目指して第2工場を改造し，同工場の生産能力を30万台に伸ばした。

図表 4-5　北京現代生産体制

区分		生産稼動	生産能力	生産（組立）車種
完成車	第1	2002年10月	30	ELANTRA, TUCSON, EF SONATA, VERNA
	第2	2008年4月	30	AVANTE HD, NF SONATA, i30, ix35
	第3	2012年4月	40	ix35
エンジン	第1	2004年4月	30	α, βシリーズ
	第2	2007年8月	20	αシリーズ

注：生産能力の単位は万台／年である。
出典：現代自動車グループ中国法人ホームページを参考に作成。

2010年現在北京現代第2工場のUPH（1時間当たりの生産台数）は66台に達する。すなわち，54.5秒に1台を生産している[11]。

現代自動車によれば，第2工場の労働生産性（HPV，車1台の生産に投入された労働時間）は18.9時間に達し，ホンダの22.03時間，トヨタの25.68時間より生産性が高い。ちなみに，現代自動車アラバマ工場の労働生産性は19.9時間に達し，同社組み立て工場の中で最も労働生産性が高い工場であったが，北京現代第2工場の稼動によりその記録が敗れたのである。韓国の蔚山工場の労働生産性は33.1時間（2006年）に達する。北京現代はPull方式により，2009年の稼働率を第1工場は98.5％に，第2工場は99.7％にまで引き上げた[12]。

2009年には第3工場を設立する計画を発表した。同工場は2012年の稼働予定である。第3工場では「TUCSON」などのSUVを生産する計画で，生産規模は既存の2つの工場を上回る見込みである。上述のとおり，北京現代が順義区にもっている2つの工場では60万台の生産能力をもっているが，2010年の販売目標は70万台弱であり，現在もっている生産能力ではカバーできない。そこで第3工場の立ち上げに乗り出したのである。ただ，第3工場の立ち上げは2009年末から検討していたが，北京市政府が条件として，「中国国産自動車部品の使用率を引き上げること」，「現代自動車は北京汽車にもっと技術を譲渡すること」等を提示し，進捗スピードが遅くなった[13]。

完成車の組み立て生産の拡大に伴って，現地にエンジン工場も建設した。

2004年に，現代自動車は北京に年生産能力15万基のエンジン工場を設立し，北京現代の生産車種「SONATA」や「ELANTRA」に供給を開始した。以降，北京現代の生産拡大とともに，エンジン工場の生産能力を30万台に拡大した。この第1エンジン工場で生産されるエンジンは $α$ と $β$ の2種類である。2007年8月には，生産能力が20万台に達する第2エンジン工場を設立し，$α$ シリーズのエンジンを増産した。

北京現代の従業員数は2008年時点に4700人で，うち韓国人が65人であったが，2010年4月28日の訪問時点では，従業員は7000人に増加した。韓国人駐在員も増えて69人となった。現地法人の管理職のうち，部長クラス以上は韓国人が就き，経営の中枢を握っている。

2005年1月には現代自動車は同社中国本部を北京に移転した。2005年6月には，現代と起亜自動車の完成車事業部組織を再編した。2つのブランド力の強化のために，北京には現代自動車中国完成車事業室を，上海には起亜自動車中国完成車事業部という2つの事業部に分離させたのである。FOURINの調査によると，2008年4月に南陽研究所で進めていた新型「ELANTRA」の開発を北京に移管した。北京第2工場の立ち上げとともに，工場内に現地向け車両開発のR&Dセンターも設けたのである。中型以下の自動車の開発を中国に移管する方針であった[14]。

2．北京現代の製品投入

現代自動車の製品投入戦略は，先進国では高級車の販売を強化することで，ブランドイメージを引き上げ，新興国では中小型乗用車を中心に，現地の市場需要に合った車種を投入することである。そのために，中国，インドでは現地向け自動車を開発するR&Dセンターを設立した。そして，現代と起亜という2つのブランドの差別化を図って，2008年3月には起亜独自ブランド経営部門を設立した。

北京現代は市場占有率を拡大するために，進出当初から生産能力の拡充，新車種の投入，アフターサービス拠点の確保等に力点をおいていた。まず，北京現代の生産車種をみてみると，小型車では「ACCENT」，準中型車では「ELANTRA」（「AVANTE XD」）と「悦動」（「AVANTE HD」）を，中型車

では「EF SONATA」と「御翔」(「NF SONATA」)を，SUVでは「TUCSON」を生産している。2009年にはハッチバックの「i30」を投入し，フルモデルのラインアップを構築した。それぞれの車種の投入順序をみると，2002年12月から中型車「SONATA」(2000cc)の生産を開始し，2004年初には小型乗用車の「ELANTRA」(1600cc)を生産し始めた。2003年には「SONATA」単一車種で5万2000台の販売実績を記録した。ちなみに，「SONATA」と「ELANTRA」はアメリカで人気が高い車種である。そのうち，「ELANTRA」は「AVANTE」の海外向け販売モデルであり，海外販売台数が300万台にも達する。「ELANTRA」は中国でも売れ行きがよく，生産開始から1年の間に累計販売台数が10万台を超えた。そして，北京市政府は2005年に3万台のタクシーの新車代替を実施したが，現代自動車の「SONATA」が北京タクシー市場のモデルに選ばれた。2005年時点で，北京市タクシーモデルには，VW，GMの車が圧倒的に多かったが，現代自動車の「SONATA」はこれらの車を追い抜き1位となった。「SONATA」のタクシーへの採用は，北京現代にとって広報効果はあったが，進出当初から安いブランドイメージになってしまうというマイナス効果もあった。

　2004年には北京現代の工場内に年間生産能力15万基のエンジン工場を設立し，北京現代が生産している「SONATA」や「ELANTRA」にエンジン供給を開始した。以降の製品投入をみると，2004年の12月には隙間市場であるSUV市場を狙って「TUCSON」を投入し，2005年9月には中型車の「NF御翔」を，2008年には「ACCENT」を投入した。北京現代で生産される「ACCENT」は，東風悦達起亜汽車が生産していた「千里馬」の改良モデルであり，1400ccと1600ccの2タイプを投入した。

　2008年4月には，北京現代第2工場が稼動し，北京現代の生産能力は60万台に達した。この第2工場で中国市場専用デザインに改造した「AVANTE」(国外名「ELANTRA」)の生産を開始し，モデル名も「ELANTRA」から中国語の「悦動」と変更することによって，中国消費者の趣向に対応するための工夫をした。2009年8月，北京現代は中国向けに開発した「SONATA名馭」を発売した。

　2010年4月に第2工場に投入された「ix35」はヨーロッパのデザインセン

ターで設計された車である。2010年4月，北京現代の200万台目の車がラインオフした[15]。中国では低価格モデルの開発を進める一方，現代自動車の高級車「GENESIS」を中国市場に投入した。「GENESIS」は2007年12月から韓国で生産開始され，2008年から中国とアメリカに投入された。低価格モデルの生産では，価格競争力を強化するため，従来の随伴進出韓国自動車部品メーカーから調達してきた部品のうち，品質基準をクリアすれば，ローカル部品メーカーからの調達に切り替える方針に変更した[16]。

3．中国における生産販売実績

北京現代の中国における生産・販売の伸び率は他のメーカーより高く注目を集めた。2004年には北京現代の生産は15万台を突破し，2006年には29万台にまでおよんだ。

北京現代の車種は同セグメントの日系自動車企業の車種と比べると，価格面で優位性をもっていたのである。しかし，2007年に入って，韓国系の自動車企業は売り上げに苦戦した。というのは，2007年には他社の価格競争により，生産，販売とも前年比減（生産23万台，販売24万台）であったのである。ホンダが2006年4月に投入した「シビック（CIVIC）」，トヨタが2007年5月に投入した「カローラ（COROLLA）」に加えて，奇瑞のような中国民営自動車メーカーの低価格モデルの投入より，現代自動車の主力モデルの「ELANTRA」と「CERATO」の販売が不振になったのである。

2007年5月の全国で売られた自動車の市場占有率のランキングは，一汽大衆，奇瑞，上海大衆，上海通用，東風日産，吉利，広州本田，長安福徳，東風神竜，一汽豊田となっており，韓国系のメーカーが入っていない。2008年2月に北京現代100万台目の車がラインオフした。北京現代の2009年販売台数は57万309台と，前年比93.6％増加し第4位を占めた（図表4-6を参照）。

中国自動車市場は2008年末からの金融危機の影響で2009年は前年同期比14.3％萎縮したが，北京現代は17％増加の3万5183台を販売した。主力車種の「ELANTRA」，「悦動」が2万6738台販売され，SUVが2624台，小型自動車「ACCENT」が3485台販売された。発売して1ヵ月しか経っていない「領翔」の販売台数は1792台に達した[17]。2008年末筆者が天津にインタビューに

図表 4-6　北京現代の生産販売推移

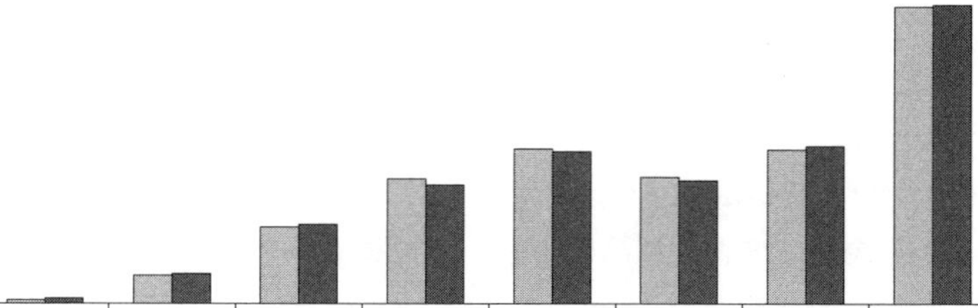

	2002	2003	2004	2005	2006	2007	2008	2009
■ 販売	1,002	51,128	144,090	239,451	296,154	243,881	294,506	570,309
■ 生産	1,356	55,113	150,158	230,688	290,088	231,888	300,323	571,234

出典：中国自動車工業協会統計により作成。

行ったとき，日系など多く自動車・同部品メーカーは例年より早く年末休暇に入っていたが，北京現代自動車とそのTier1，Tier2企業の生産ラインは稼動していた。

売上高の推移では，2003年に9億9000万ドル，2006年には35億ドルを記録した。2008年の第2工場の稼動に伴い，67億ドルまで達した。中国進出7年で第4位となった。

現代自動車の車種戦略からみれば，2008年以前までは中国において，トヨタと同様に中大型の車種をもっと投入する方向に検討していた。しかし，その計画が実施される前に金融危機による同時不況に陥り，それまでの中小型車種を中心とする体制がむしろ強みになったのである。そして，政府の税制改革も現代自動車の販売台数増加を後押ししたのである。ちなみに，中国市場における販売台数の増加分が，現代自動車の同年における販売台数のそれとほぼ同じである[18]。

4．四川現代—海外初の商用車生産工場

現代自動車の四川省の資陽市に36億元を投資して，商用車工場を立ち上げた。同工場は，現代自動車グループの海外初の商用車生産工場である。前身は四川南駿汽車有限公司であり，2013年に四川現代に名称変更した。合弁先は四川南駿汽車集団有限公司で，それぞれ50％ずつ出資した。

周知のように中国は世界最大の商用車市場であり,その年間需要は400万台に及ぶ。2011年のデータでみると中国商用車市場は,トラック354万台,バス49万台の合計403万台である。四川省は日系の二輪車メーカーが早くから進出しており,東南アジアに近いという地理的利便性ももっている。このように急増する中国商用車市場需要とアセアン市場をターゲットに現代自動車は数年前から同プロジェクトを検討してきた。2010年から交渉を開始し,2011年には契約を締結するに至ったのである。2012年に着工し,新生産ラインは2014年に稼働した。新ラインの稼働までは,合弁先の四川南駿汽車の生産ラインで生産を行った。

韓国自動車研究所によれば同社は中国で二元化戦略をとっているという。すなわち,ハイエンド市場では現代自動車の小型バス,トラックを投入し,ローエンド市場では南駿汽車の既存車種を品質と性能を向上させて投入するという。

南駿ブランドの軽トラック「新瑞康」を投入したほかにも,現代自動車ブランドのトラック,バスを生産する。生産能力をみると,2014年時点では,トラック16万台とバス1万台を生産する能力を備えている。ほかに重型エンジン2万基の生産能力をもっている。段階的に追加投資を行って,5年後には商用車生産能力を初期の倍以上にまで引き上げる計画である。これで現代自動車グループの中国における生産能力は,乗用車では158万台を,商用車では16万台に達する。

5. 現代自動車の烟台研究開発センター

グローバルでは,煙台は現代自動車グループの5つ目の研究所である。日本,アメリカ,インドは地域的な研究所の位置づけであるが,煙台は南陽研究所の役割に近いより広いグローバルな位置づけだという。すなわち,グローバル向けの新エネルギー車に関する研究開発を担うことで,設計,研究開発の他に,総合実験及び電動車材料と環境分野テストの機能を果たす。電機,バッテリー,コントロール装置等の新エネルギー車の中核部品に関する研究開発と設計を行う。烟台の技術研究所の規模は完成すれば南陽技術研究所並みの規模になると,烟台開発区韓国部署の担当者はインタビューに答えた[19]。

同社がこれまで中国市場に投入した「ix35」,「SONATA」などは欧米の開

発センターで開発されたものである。同社のグローバル市場の中で中国市場シェアがますます増えるなか，同社は，より現地消費者のニーズに合う商品を投入するために中国現地で開発センターを立ち上げることに踏みだしたと考えられる。そして，中国政府はエコカー関連事業を育成するために，2010 年以降から新エネルギー車関連投資を奨励する政策を次々と発効したが，その影響がないわけでもない。

2012 年から技術研究所の設立を検討して，北京，上海，天津，河北省などの各地を 1 年間かけて調査を行ったが，結局 2013 年 2 月に烟台で設立登録をした。製造ではなく，R&D センターである故に，土地，政府の優遇政策のほかに人材が集められるかを最優先の考慮事項に入れて検討したが，山東地域は技術系を含めて外省の大学に行った人材も地元に戻ってくる比率が高いという。土地の整備，建物の設計・建設，などを含む前期の段階では，北京から出張ベースで対応し，開発区管理委員会がサポートする。同地域には，すでに韓国の LG，闘山機械，ポスコも R&D センターをもっているいるが，現代は R&D の中では一番大きい。テストコースは片道 2 キロの長さに達する。初期段階では 2000 名の R&D 人員からスタートするという。

第 2 項　合弁先北京汽車について

1．北京汽車の合弁先

北京汽車の前身は北京汽車製造廠である。1958 年に VW の「ビートル」を模倣して「井岡山」を，アメリカの「ビュイック」を参考に「北京」を試作し始めた。1973 年の 7 月に関連企業を組織化して，北京汽車工業公司を設立し，小型トラックの開発と量産化を図った。1995 年 5 月には，組織を改編し，北京汽車工業集団となった。集団の傘下の主要企業は，北京ジープ汽車，北京福田汽車，北京軽型汽車，北京現代などがある[20]。

まず，北京汽車の合弁先について考察してみよう。北京汽車は 1984 年に AMC（アメリカン・モーターズ）と北京ジープという合弁会社を設立し，ジープの生産を始めた[21]。その後，AMC はクライスラーに買収された。1997 年には北汽福田公司が設立し，商用車の生産を開始した。2004 年 5 月，ダイムラークライスラーと北京汽車は，中国で C 級と E 級乗用車を生産すること

に合意した。北京ベンツは2006年11月に,年間2.5台生産能力をもっているベンツEクラス合弁工場を完工した。同車種は現代車が輸出する「NEW GRANDEUR」の競争車種である。

　北京ベンツダイムラークライスラーである。2009年12月,GM傘下にあるスウェーデン系自動車メーカーのSAABを買収した。SAABの生産設備だけでなく,ターボエンジンとトランスミッションに関する技術も取得し,ハイエンド車分野にも進出した[22]。北京汽車は技術や設計力の強化により独自ブランド車の開発にもつながると考えられる。

　北京汽車は電気自動車を初めとするエコカー分野で日系企業と提携を進めようと,日系エコカー関連自動車部品メーカーを数度訪問した。

2．北京汽車における北京現代の位置づけ

　北京汽車にとって北京現代は重要な役割をしている。2009年北京汽車集団は121万台の完成車を販売したが,そのうち47％に達する57万台は北京現代の販売実績である。売上高ベースでみると,集団全体の売上高1000億元余りのうち,50％以上は北京現代によるものである。というのは,北京汽車集団傘下にある北汽福田以外の2つの完成車生産会社はいずれも数年連続の赤字状態にあるからである。ジープを生産している北京汽車有限公司はいまだに赤字状態であり,北京ベンツもやっと赤字から抜け出した状態であり,北京汽車集団のために利益を創出するのは北京現代のみということである。2002年に韓国の現代自動車グループと合弁後,やっと完成車販売ランキング第5位に入ったのである。北京汽車集団の2010年上半期の販売実績は74万台を記録し,売上高737億元,売上利益50億元に達する。うち北京現代による販売実績は33万台で全体の45％を占める。

3．北京海納川の存在

　北京海納川汽車部件股份有限公司（以下,海納川）は2008年1月設立した。北京汽車工業控股（持ち株会社の意味）有限責任公司（以下,北汽控股）が60％,北京工業投資発展有限公司が40％を出資した。4年間の構造改革を経て,35社の自動車部品企業を傘下に編入した。なかにはビステオン,Liar,ボル

グワーナー (Borgwarner), テネコ社 (TENNECO) のような大手外資メーカーとの合弁会社もあればあり, 上海延鋒, 浙江亜太などの国内有力自動車部品メーカーとの合弁会社もある。2009年6月にはアメリカのテネコ社と排出ガスシステムに関する提携に合意した。2012年末時点では, 完全子会社15社, 外資系部品メーカーと合弁会社が12社, ローカル合弁会社19社を傘下に収めた。年間売上高は設立当初の43億元から, 2011年には156億元まで伸びた[23]。

その内訳をみると, 中国国内市場 (北京現代, 北京Benz, 北京福田, 北汽有限, 北汽自主) が85億元で, 全体の53％を占めており, 海外市場向けが43億元で27％を占める。ほかに設立当初から部品工業団地の設立に力をいれており, 北京采育成部品工業団地, 湖南省株州部品工業団地は2014年に竣工する。ほかにも, 北京Benz部品工業団地をはじめとする建設中の工業団地が5つもある。

北京現代に納品する同社の主要製品をみると, バンパー, インパネ, シート, フレーム, サンルーフなどの内装, ボディ部品のほかに, ブレーキ, 燃料関係, 吸気廃棄関連のパワートレイン部品, 車輪, サスペンション, アクスル, ショックアブソーバーなどのシャシ関連, 空調, ラジエーターまで幅広い部品, 製品を納品している。北京現代へ納品するほど製品群が広くはないが, 東風悦達起亜にもパワートレイン関係, 空調, ラジエーターなどの製品を納品している。

海納川はモジュール化を積極的に取り入れており, 2010年に入ってからは, 包頭北奔とモジュール開発に関する協議も進めている。モジュール以外にもシート, ワイヤーハーネスなどにおいて包頭北奔と提携を進める方針である[24]。

海納川の誕生の背景には徐和誼という人物の役割が大きかった。まずこの人物についてみてみよう。徐和誼は1957年11月に北京で生まれ, 1982年に北京鋼鉄学院を卒業した。1997年までは首鋼で勤務し, 助理総経理, 副総経理を勤め, 1997年から2000年までの北京市経委副主任, 党組副書記を経て, 2001年から2年間は北京市委工業工委副書記, 市経委副主任を勤めた。2002年以降は北京汽車控股に勤めた。北京汽車副会長と北京現代車の会長を務めていた。2007年からは, ドイツダイムラーベンツと北京汽車の合弁会社である北京ベンツの社長に赴任した。

第 2 節　北京現代を中心とした拠点　　*141*

　北京汽車側は現代モビスの中国随伴進出当初から，その威力を意識し始めた。とりわけ，北京汽車の経営トップである徐和誼は「北京汽車集団が外部勢力の強い影響を受ける局面を修正すべきだ」と強調し，現代モビスへの対抗案を工夫してきた。その結果が，持ち株80％の会社海納川自動車部品公司を設立することであった。北京現代への部品供給を狙い，現代モビスが中核となっている北京現代のサプライチェンに食い込もうとしたのである。すなわち，海納川の誕生は現代モビスに対抗するためであって，北京現代への部品供給における現代モビスの寡占状況を崩すためであった。

　しかし，徐和誼の狙いはそう簡単にはかなわなかった。なぜかというと，北京現代に部品を供給するためには，現代モビスの主管する上海技術試験センターで，自動車部品の品質テストを受けなければならない。上海技術試験センターについては本章第3節第3項を参照されたい。同センターのテストをパスし取得した認証は，中国国家認証を受けたのと同じ効果を有する。一方，同センターは現代モビス傘下にあることから，すべて現代モビスのコントロール下にある。結局，テストを通して，海納川の部品のうちほんのわずかの部品しかパスできず，北京現代に採用されなかった。北京現代への納入が目的であったが採用されなったこれらの大半の部品は，外部企業に納品することになった[25]。

　その後，また上場問題を巡って，現代自動車側は長期間検討を重ねてきた。このケースと類似した事例として，東風汽車と上海汽車の前例があげられる。東風汽車，上海汽車が上場に乗り出した時にも同じく，合弁側の猛反対によりトラブルが起こったのである。上海汽車は2006年8月上海汽車集団股份有限公司の傘下の16社を買収し，資産を上場会社の上海汽車股份有限公司1社に集中させようとした。GM，VW，双龍などとの合弁会社計7社，主要会社16社（自動車製造会社11社，エンジンなど基幹部品の生産に従事する自動車部品会社3社）が対象となった。このような動きに対して，VWは上海汽車集団が上海VWの中国側資産を上場企業に集中させることに反対したのである。東風集団が上場した時も，現代自動車の強力な反対をうけ，東風悦達起亜の起亜側資産を切り離してから上場したのである。現代自動車グループとしては，本社である現代自動車グループの情報漏洩を防ぐという理由で，ある意味ライ

バルである北京汽車の上場に対して消極的な態度を見せたのである。

このような意見の相違を背景に，北京汽車は北京現代車の株式23.62％を中国6位の鉄鋼会社首鋼に売却するまでにいたった[26]。首鋼は2003年に北京現代車の株式10％を取得し，今回の取得株をあわせると，北京汽車を抜いて2番手の大株主になった[27]。首鋼は2007年下半期から自動車冷延鋼鈑の量産をはじめ，それの販売拡大を狙っていたのである。北京現代は2006年時点で年間20万トン以上の鉄鋼を使用しており，そのうち8割をポスコと現代HYSCOから調達していた。現代HYSCOは2003年1月に自動車用鋼板を生産する海斯克鋼材有限会社を，2006年4月には自動車新型アルミニウム合金原材料を生産する江蘇現代海斯克鋼材有限会社を設立した[28]。

現代HYSCOはポスコから熱延と冷延鋼板を買い入れ加工して，北京現代に納品している。上質な原材料を必要とする部品に関しては，日本から調達することもあった。上海VWのような合弁企業はすでに冷延鋼鈑のうち50％を，中国産を使用していた。

他にも，現代自動車の経営陣は2005年から山東省におけるソナタエンジン工場と北京第2工場の建設をめぐり，中国政府や北京汽車とトラブルが絶えなかった。現代は，自社の系列部品の納入にこだわったからである。その結果中国製品の販路拡大を求めた中国政府や北京汽車とは衝突が避けられなかったのである。

第3項　現代自動車の中国展開の特徴

1．迅速な意思決定力

2001年10月から現代自動車と北京市政府は北京現代プロジェクトの協議をはじめた。北京市政府の協力により，プロジェクトの協議は順調に進み，2002年4月末に合弁に合意し，5月末にはソウルで正式に合弁契約を締結，11月からはソナタの生産を始めた。2003年3月に北京現代は組み立てライン，プレスライン，塗装ライン，ボディラインの4大生産工程の改造工事を完成させ，5万台の初期生産能力を構築した。協議を開始してからわずか6カ月で合弁契約を成立させた。そして，契約締結からわずか5カ月で工場の修復と生産工程の再構築を終了したのである。合弁会社設立後2カ月で新車がラインオフ，8

第2節　北京現代を中心とした拠点　　143

カ月で3万台の販売目標を達成した。

　北京現代の合弁事業の遂行スピードは，史上最短を記録し業界で「現代スピード」と呼ばれるほどの壮挙であった。他社の中国進出前例をみると，広州ホンダは立ち上げから9カ月の間で1万台の生産を記録し，一時期中国で話題になっていた。北京現代はわずか3カ月余りで1万台の生産実績を達成し，半年で中国自動車販売台数の上位10位圏内に入り，広州ホンダの記録を破ったのである。この実績は，鄭夢九を中心とする現代自動車グループ経営陳ならではの意思決定力と遂行力による成果であると考えられる。そしてこのような発展スピードは，進出当初から現代側が主導権を握ったことの反映でもある。

　現代の意思決定と遂行力の速さは同じく，アメリカで発生した現代自動車のリコール問題からもうかがえる。アメリカで新型「SONATA」と「TUCSON」の欠陥問題が発生すると，迅速にリコール問題を解決するために品質本部出身の申東寬を米アラバマ工場の副社長に任命した。品質経営を重視する鄭夢九が下した人事決断であった。そして，リコールの原因が部品の欠陥にあると判明してからは，購買統括本部の副社長に中国北京現代車の副社長を勤めていた呉勝国を任命した。素早い人事異動も現代自動車ならではの機敏な決断力によるものである。

2．現地適合の製品投入とマーケティング

　北京現代は中国税制政策の変更にあわせて，「ELANTRA 悦動」の中国現地向け小型車を投入した。そして車の品質保証を従来の2年で，6万kmから5年，10万kmに伸ばした。その結果，販売台数は前年のマイナス20%からプラス27%に転換した。

　2004年，財政部と国家税務局は，「ユーロ2」と「ユーロ3」の排出ガス基準に達する小型車生産販売企業に対する税制を調整した。つまり1月1日からユーロ2基準に該当するGB18352-2001の基準に達する小型車に対して消費税減税を停止し，一律規定税率で徴税することにする，2004年7月1日からユーロ3基準に達する小型車に対して消費税を30%減税する，というものであった。

　2008年9月に発生したリーマンショックを引き金にした金融危機の影響は，自動車市場にも波及した。中国の自動車市場も例外ではなく，一時期自動車需

要が下落したが，中国政府の積極的な内需刺激策により順調に回復した。中国政府は2008年1月から燃料税を導入し，低燃費車優遇策を実施したうえ，9月に3ℓ以上の乗用車を対象に消費税を引き上げた。この影響で3ℓ以下の乗用車市場は拡大したが，輸入車の多くは3ℓを超えておりその規模も小さくなった。これとは反対に，内陸部の中間所得層の台頭により，中国の新車需要に変化が起きた。低価格の小型車（1000～1600cc）のセグメントが成長したのである。中国政府の内需刺激策と市場の需用構造の変化の恩恵をうけ，現代汽車と起亜汽車の2009年1～10月の中国市場での販売台数は，現代汽車が前年同期比89.3％増加の46万台，起亜汽車が同55.3％増加18万台に達した。北京現代は2009年に前年比94％増加の57万台を販売し，合弁企業のうちもっとも増加率が高い企業となった。

　中国における乗用車販売上位10車種の推移をみてみよう（図表4-7を参照）。現代自動車の「ELANTRA」（図表では「エラントラ」）は，2007年の8位から，2008年，2009年2年連続1位を占めるようになった。市場シェアの変化をみると，2007年1.9％から，2008年3％，2009年には4％に増加した。2008年4月，北京現代第2工場の竣工とともに投入された「ELANTRA」は

図表4-7　中国乗用車販売上位10車種の推移

順位	2007			2008			2009		
	モデル名	メーカー	シェア	モデル名	メーカー	シェア	モデル名	メーカー	シェア
1	サンタナ	上海VW	3.2	エラントラ	北京現代	3.0	エラントラ	北京現代	4.0
2	ジェッタ	一汽VW	3.2	ジェッタ	一汽VW	3.0	F3	BYD	2.8
3	エクセル	上海GM	3.1	サンタナ	上海VW	2.9	エクセル	上海GM	2.3
4	カムリ	広州トヨタ	2.7	エクセル	上海GM	2.6	ジェッタ	一汽VW	2.2
5	夏利	一汽夏利	2.1	カムリ	広州トヨタ	2.3	サンタナ	上海VW	2.0
6	フォカス	長安フォードマツダ	2.0	F3	BYD	2.0	アコード	広州ホンダ	1.7
7	パサト	上海VW	1.9	夏利	一汽夏利	1.8	カローラ	天津トヨタ	1.5
8	エラントラ	北京現代	1.9	フォカス	長安フォードマツダ	1.7	カムリ	広州トヨタ	1.5
9	ファミリア	一汽海馬	1.8	パサト	上海VW	1.6	夏利	一汽夏利	1.4
10	F3	BYD	1.6	ファミリア	一汽海馬	1.3	ラパタ	上海VW	1.4

出典：韓国自動車産業研究所（2008），（2009），（2010）より作成した。

2009年基準で北京現代販売台数の41%を占める20万台販売された。
　このように「ELANTRA」は中国における同車種市場の販売台数で2年連続1位を記録し，2007年に北京現代が販売不振で業績が悪化したときも「ELANTRA」が支えとなっていた。「ELANTRA 悦動」は，中国で投入したエラントラの第7代目製品であり，9万9800から12万9800元で販売された。αとβの2種類のエンジンが装着され，燃費がよくなり「ユーロ4」の排出ガス規制もクリアできた。
　現代自動車が中国小型車市場を攻略するための中国仕様車には「AVANTE」，「NF SONATA」，「EF SONATA」，「VERNA」などがある。中国消費者の需要に合わせたモデルでラインアップを拡大している。そして今後は「i-flow」，「ブルーウィル」などの環境対策車，起亜自動車は電気自動車の「VENGA」などを投入する見込みである。ほかに，起亜自動車は中国のSUV市場を攻略するために，韓国で販売していたSUVの「スポーティジR」を投入した。
　現代自動車グループの現地市場需要にあったマーケティング戦略はインドとアメリカ市場の事例からもうかがえる。インドでは，現地ニーズに合った小型車の投入戦略で成功したのである。とりわけ，高温地域であるインドの気候状況を勘案して，45℃の高温環境でも使用できるエアコンを搭載したのである。そして，2009年にアメリカ市場でシァアが急増した理由の1つに，不況期の失職への懸念が消費者の購入を左右すると判断し，現代自動車の車を購入した消費者が失業した場合，その車を買い取るというマーケティング戦略をとった。

3．収益より市場シェアの獲得が第一

　現代自動車の販売戦略をトヨタなどと比較すると，トヨタはプル方式，一方現代自動車の特徴は，プッシュ方式である。2008年末に，筆者が中国の北京，天津，広州の自動車産業調査に行ったとき，以下のようなことが印象に残っている。トヨタ，日産などの日系企業は生産ラインを停止させて，傘下の部品メーカーも例年より長い休暇に入るとのことであった。しかし，現代自動車とその傘下のTier1，Tier2は大晦日まで生産ラインを稼動させていたのである。そして，鄭夢九の会長室には，海外も含めて各工場の稼働率をチェックできる

モニターを設置してあるという[29]。

北京現代の2003年,5万2218台の販売売上利益は21億元に達し,車1台当たりの純利益は4万1000元に及ぶ。2004年には売上総利益と1台当たりの利益はそれぞれ30億元と2万元,2005年には23万台販売を販売し,車1台当たりの利益は6500元しかなかった。中国自動車市場における激しい値引き競争の中で,北京現代の利益は業界平均を遥かに下回った。ただ,北京現代にとっては,販売台数の増加により市場シェアを獲得するのが第一であった。利益は二の次であった。なぜかというと,現代自動車グループにとっては,中国での最大の収益源は現代モビスであり,現代モビスを通して中国市場における収益をコントロールしているからである。言い換えると,現代自動車グループにとってみれば,北京現代は「儲からなくても良い」ということである。現代自動車のこのような戦略については,第5章で現代モビスの機能と役割と絡ませながら分析を加える。

4. グローバルブランドの育成

2003年10月からTFT(Task Force Team)を構成して,5大中長期経営戦略の1つとして「ブランド価値向上」戦略を進めてきた。グローバルブランド戦略では北京現代と東風悦達起亜の中核を見分けて実施した。北京現代自動車のブランドは「refined & confident」を中心に,東風起亜は「exciting & enabling」を中心とする。現代自動車のグローバルブランド育成政策は3段階に分かれる[30]。

2005年から2006年までの第1段階では,グローバルブランド評価システムなどの経営基盤の構築,2007年から2008年までの第2段階ではブランド戦略を反映する新車を出し,2009年から2010年までの第3段階ではグローバルブランド管理システムをレベルアップする戦略である。生産販売における量的成長のみでなく,ブランド競争力,品質レベル,研究開発能力などの質的成長を遂げるのが目標である。

韓国の自動車企業の中では,現代自動車が2005年に初めて「グローバル100大ブランド(ブランドコンサルティンググループのInterbrandの発表)」にランクインした。同年のランキングは84位であった。同社が発表した「2008

年世界100大ブランド」によると，現代自動車のブランド価値は約9％アップの48億4600万ドルで72位である。100大ブランドは，財務状況，マーケティングなどを総合的に測定して，各ブランドが創出できる期待収益で選定された。ちなみに，同年における自動車部門だけのブランド順位では，トヨタ自動車が1位，メルセデスベンツが2位，BMWが3位であり，以下，ホンダ，フォード，VW，アウディ，現代自動車の順である[31]。

以降同グループは「品質経営」，「デザイン経営」を通してブランド価値を成長させ，2006年に75位，2009年には69位に上った[32]。2013年には現代が43位，起亜が83位にランキングされた。

鄭夢九は2005年を「ブランド経営元年」に宣言し，以降ブランドイメージの革新のために，品質経営とともにブランド経営を重視してきた。現代自動車グループのランキングが年々アップしたのは，同社が量的な成長だけでなくブランドイメージの構築にも成功したことを反映する。

第3節　現代モビスの中国事業

第1項　モジュール生産拠点

1．現代モビスの海外進出

現代モビスのOEM部品輸出部門は2002年に韓国部品メーカー120社を動員し，海外市場を開拓する「New Partnership 21運動」を開始した。現代モビスの海外進出は中国江蘇省での工場建設から始まる。その後，北京，アメリカのアラバマとオハイオ，ヨーロッパのスロバキアとチェコ，インドに次々と進出し，現代と起亜にモジュールを供給している。

現代モビスの海外生産能力は268万台に達する。2005年に，30万台生産能力のジョージア工場，15万台のロシア工場の量産が始まり，海外生産能力は313万台に達する。現代モビスは2010年4月エジプトに自動車部品の物流センターを設立した。投資額は2000万ドルで，北アフリカ地域における自動車部品の物流を担当する。

ここでは，本研究のフィールドである中国市場における現代モビスの現状をみてみよう[33]。同社の中国における主要供給先は，グループ会社の北京現代と

148　第4章　現代・起亜と現代モビスの中国拠点

図表4-8　現代モビスの中国事業概要

地域	企業名	設立年	主要生産品目
北京	北京現代モビス汽車零部件㈲	2002	シャシー／コックピットモジュール
	北京DYMOS変速器㈲ 前身は北京現代モビス変速器㈲	2003	トランスミッション
	北京現代モビス汽車配件㈲	2004	A/S用部品
	北京モビス中車㈲	2002	バンパー
塩城	江蘇モビス汽車零部件㈲	2002	エンジン，コックピットモジュール
無錫	無錫モビス汽車零部件㈲	2005	駆動系，制動器アセンブリ
天津	天津モビス	1994	電装
上海	上海現代モビス汽車配件㈲	2001	HANDSFREE, DVD, CDC, KEYLESS

出典：現代モビス中国法人のホームページによる。

東風悦起亜であり，同社のグローバル売上高に占める中国地域売上は3割に達する。グループ外企業向けの外販も積極的に伸ばしており，中国民族系有力メーカーの長城汽車や華晨BMWにも納品を始めた。納品品目には，前述のようにランプ，トランスミッションなどがある。

2．江蘇モビス

　現代モビスの中国拠点をみると，北京に4拠点，江蘇，上海，無錫にそれぞれ拠点が置かれている。現代モビスの中国進出は，2002年の江蘇省におけるモジュール工場の設立から始まる。現代モビスの100％出資による会社で，2003年から東風悦達起亜の生産車種「千里馬」に組み付けられるシャシーモジュールとコックピットモジュールの生産を始めた。2004年から「CARNIVAL」（中国名「嘉华」）と「OPTIMA」（中国名「遠艦」）に，2005年から「CERATO」に，2006年から「RIO千里馬」にも，それぞれモジュールを供給した。そして，モジュールラインとは別途に，ランプの生産ラインを構築して，2005年の1月から「千里馬」にランプを供給し始めた。ほかに，自動車インストルメント・パネル，発泡なども生産している。

　2006年に東風悦達起亜は中国における生産能力を拡大するために，第2工場を立ち上げに着手した。このような動きにあわせて，江蘇モビスも2006年

第3節　現代モビスの中国事業　*149*

に30万台規模に達する第2モジュール工場を建設し始めた。2007年の10月から，第2工場は「CERATO」にシャシーモジュール，コックピットモジュール，フロントエンドモジュールを供給しはじめた。そして，既存のランプ生産ラインを移管し，年間43万台規模のヘッドランプを供給できるようになった[34]。

江蘇モビスは，起亜自動車工場からわずか800メートルしか離れていないため，物流費用が節減でき，モジュールや部品のスムーズな供給が行われている。2006年3月のインタビューによれば，江蘇モビスに部品を供給するTier1は37社あり，うち32社は韓国からの随伴進出で，5社は中国のローカル企業である。東風悦達起亜が調達する部品アイテムは合計1271個に達する。うち，「千里馬」が218個，「OPTIMA」が322個，「CARNIVAL」が365個，「CERATO」が368個である。「千里馬」の例でみると，218個のアイテムのうち，80％は現地調達によるもので，20％は輸入によるものである。「OPTIMA」の例では，322個のアイテムのうち，60％は現地調達で，40％は輸入によるものである[35]。

前述のように，東風悦達起亜の第3工場が稼働し，生産能力が30万台ほど増えた。同社にモジュールを供給する江蘇モビス第3工場も稼働し，同工場の生産能力の増加に対応するという。モジュール生産能力は従来の48万台分から80万台分へと増加するという。2012年にはランプの生産能力の飽和に対応するために，江蘇モビスは100万台分のランプ工場を新設した。これにより，同工場のランプ生産能力は従来の100万台分から倍増の200万台に増えた。

3．北京モビス

江蘇モビスが設立された2002年に，同じく北京でも北京現代モビス汽車零部件（以下，北京モビスと省略）を設立した。北京現代モビスは順義モビスとも呼ばれている。同社は，北京現代の生産車種に組み付けられるモジュールを生産供給している。進出当初は，北京現代自動車工場内に臨時生産ラインを設置し，2002年12月から「EF SONATA」に年間5万台規模のシャシー及びコックピットモジュールを供給した。

2003年10月に年間生産能力が30万台に達する新工場が竣工し，同年12月

から「ELANTRA」にもモジュールを供給し始めた。以降，2005年の5月からはフロントエンドモジュールも供給し始めた。モジュールの供給車種も徐々に拡大され，2005年には「TUCSON」と「NF SONATA」に，2006年には「VERNA」にもモジュールを供給しはじめた。北京モビスは，中国におけるモジュール供給能力の拡大とともに，2006年4月には，射出塗装工場も竣工した[36]。

現代モビスは中国におけるモジュール供給能力の拡大とともに，2006年には北京モビス中車を設立した。同社はバンパーのような樹脂射出部品，インストルメントパネルを生産し北京現代と東風悦達起亜に供給している。北京モビス中車の前身は，北京振栄中車汽車零部件有限公司である。現代モビスが韓国でジンヨン産業を買収することによって，その子会社であった北京振栄中車汽車零部件有限公司も現代モビスが引き受けることになったのである。2003年6月に北京モビス中車に社名を変更した。2003年3月から「EF SONATA」にバンパーと射出部品を供給しはじめ，以降「ELANTRA」，「TUCSON」にも同部品の供給を開始した。年間生産能力は30万台規模に達する。2006年4月に北京モビス射出塗装工場の竣工とともに，生産ラインを北京モビスに移管し，2006年4月からはキャリアーを中心とする中小射出品の生産に集中した[37]。

北京変速機は，北京現代と東風悦達起亜にトランスミッションを現地で供給するために2003年に設立された会社である。2003年3月に中国政府から営業許可を受け，北京市通州光機電開発区内に工場を建設し始め，同年12月に竣工した。そして翌年4月から生産ラインが稼動し，マニュアルトランスミッションを生産し始めた。北京変速機は，「ELANTRA」，「EF SONATA」，「千里馬」などの車種に，年間20万台規模のトランスミッションの供給を担っている[38]。2012年には現代モビスはトランスミッション事業を現代ダイモスに移管した。それと連動して，北京モビス変速機は北京ダイモス変速機に名称変更をしたのである。

4．無錫モビス

無錫モビスの前身は無錫瑞韓（KASCO）である。現代モビスは2005年7

月に，無錫瑞韓を買収し，以降，大型制動システムの専門工場に育成し始めた。無錫瑞韓は年間10万セットの制動装置と20万セットのパワーステアリングポンプの生産能力をもっており，年間売上高は2400万元に達する（2005年時点）。現代モビスは買収後，年間生産能力を100万セットに拡大した。2010年現在は，自動車制動装置の油圧式制動装置であるCBS（Conventional Brake System），ステアリングポンプ，コラムシャフトなどを生産している。2005年7月から東風悦達起亜の「CERATO」にパワーステアリングオイルポンプを供給しはじめ，2006年2月には北京現代自動車の「EF SONATA」にCBSを供給しはじめた。2007年1月には，ステアリングコラムの量産もはじめ，制動・ステアリング専門メーカーとして浮上した。以降は，中国現地だけでなくスロバキアやインドに進出した現代モビスにもCBSとステアリングコラムを供給し，グローバル供給拠点に位置づけられた[39]。

2008年には，現地自動車メーカー長沙衆泰汽車とブレーキ部品供給契約を締結し，2009年からブレーキの供給を開始した。供給車種については長沙衆泰汽車が2008年末から生産を開始した「Lancia Lybra」である[40]。

第2項　現代モビスのその他の法人

1．電装分野への進出—天津モビス

近年における自動車産業における電子化の趨勢に遅れないように，現代モビスは，ハイブリッドカー等の高付加価値自動車部品の開発にも注力している。ただ，周知のように，現代モビスの前身が総合機械メーカーであることから，電子分野における技術力には限界があった。そこで韓国電装メーカーナンバーワンの現代AUTONETの買収に乗り出したのである。天津モビスは，元現代AUTONETの天津法人である現代高新電子を，2009年に現代モビスが吸収合併し，社名を変更した企業である。

現代AUTONETの前身は現代電子であり，1985年に現代電子のカーエレクトロニクス部門として設立された。設立当初は，現代グループの半導体部門であったが，2000年には独立して社名を現代AUTONETに変更した。2005年には，現代自動車グループが現代AUTONETの株式を43.2％取得し現代自動車グループの関連会社となりカーエレクトロニクス製品を生産した[41]。

2006年2月には旧起亜電子であるBONTECを，さらに現代モビスのカーエレクトロニクス電子研究所を統合して，以降は現代自動車グループのカーエレクトロニクスを担う中核企業となった。同年に800億米ドルを投資して鎮川新工場の建設を着工し，さらに開発能力の強化を図って儀旺研究所を親設した。しかし，現代モビスの統合により，韓国だけでなく中国，インド，アメリカ，ヨーロッパの現代AUTONETの海外法人も現代モビスに吸収合併された。

2．カーエレクトロニクス戦略

現代モビスは2010年1月から，11名の研究開発員から成る電子事業推進チームを立ち上げ，5月にはCARTRONICS（Car+Electronics）研究所を設立した。以降，同研究所は電子情報関連の中核部品における研究開発を本格化した[42]。ここで現代自動車グループのカーエレクトロニクス戦略をみてみよう。ボッシュとの合弁企業であるKEFICOではエンジンマネージメントECUを，万都ではABS（Antilock Brake System）用ECUを，現代モビスでは電動パワーステアリング用ECUの開発生産を行っている。

現代AUTONETの主要生産製品をみると，自動車用オーディオシステム，ナビゲーションシステム，A/Vシステムなどのマルチメディア関連製品，エアバッグECUなどの車体関連電子部品を生産している。製品売上高をみると電装品による売上が3割程度で，残りの7割はマルチメディアによるものである。そのほかに，パワートレイン関連やシャシー関連の電子制御システムとセンサーの開発と生産事業にも力を入れている。現代AUTONETのOEM納入先自動車メーカーには，現代・起亜以外にルノー三星，フォード，クライスラー，VW，トヨタ，日産などがある。2007年末時点の従業員規模をみると，韓国国内だけで1597名，世界規模で2329名である。

天津モビスの従業員規模は，2008年12月時点で768名である。768名の従業員のうち，752名は現地採用であり，残り16名は韓国人駐在員である。2006年2月に訪問した時は，従業員規模が443人であり，うち韓国人が6名であった。ということは，2年間で従業員規模が73%も増加，韓国人駐在員も10名増やしたのである。天津モビスの主要製品をみると，CAR AUDIO（MP3，6CDC等），AV（DVD），NAVI（GPS），電装品（BWS，A/BAG ECU，

ETACS 等）を生産し，北京現代，東風悦達起亜に納品している。うち，北京現代が生産している3車種にカーオーディオ，電装品を供給している。

2006年2月時点でのインタビューによれば，2003年12月から，北京現代に供給し始めたが，当初は北京現代の EFC 車種に入るカーオーディオと電装品のみ供給したとのことである。北京現代以外にも，塩城起亜にオーディオと電装品を，恒生電子，北京ジープなどにカーオーディオを納品している。生産能力をみると 2008 年にマルチメディアを 207 万台，電装品を 555 万台の生産能力を持っている[43]。

第3項　現代モビスの品質管理機能と A/S

1．上海モビスの役割

上海物流センターの設立とともに，現代モビスはカーオーディオ生産ラインも構築し，2001年10月に上海モビスを設立した。上海モビスは 2002 年から，カーオーディオの量産を始めた。2003 年 10 月からは，エアバッグの生産ラインも構築し，2004 年 1 月から北京現代の「ELANTRA」，「AVANTE XD」に運転席と助手席のエアバッグを供給するための量産に入った。エアバックの年間生産規模は 75 万セットに達する。2004 年 5 月からは 45 万台規模のステアリングコラム生産ラインを構築し，7 月から東風悦達起亜の「CARNIVAL」への供給をはじめた。2006 年 11 月にはステアリングコラムの生産ラインを無錫モビスに移転し，2007 年 1 月にはカーオーディオ生産ラインを天津高新電子（現代 AUTONET の中国法人）に移転した。以降，上海モビスは研究開発と品質管理機能に集中し，モジュール化の強化を推進した。上海モビスは他にも，HANDFREE，DVD なども生産していたが，主な役割は上海技術試験センターにおいて部品の性能テストや品質管理を行うことにある[44]。

上海技術センターは 2002 年 7 月に設立された。初期段階では原材料と電装品テスト設備を構築し，上海モビス，江蘇モビス，北京モビスをサポートした。2003 年 11 月にはエアバッグテスト設備を，2004 年の 3 月にはステアリングコラムの耐久性と機能テスト設備を，同年 9 月には金属材料分析のための専門分析テスト設備も備え，試験センターの機能を一層強化した。これにより，中国国内におけるモジュールと中核部品工場だけでなく，現代自動車グループの随

伴進出企業の部品品質も統轄することになった。同センターは，2004年6月にテスト員4名を，韓国の技術研究所に派遣し研修を受けさせ，人材の現地化にも努力した。2006年6月にはInflaterとCushionなどのエアバッグ部品の開発に成功した。

　ほかに，現地完成車メーカーへの技術支援を強化することによって，現地における拡販も図っている。2006年7月に現代モビスが南京汽車よりステアリングコラムの受注をうけ，さらに同年12月にエアバッグ，シートベルト，ステアリングコラムなどをモジュール化にした安全モジュールシステムを受注したが，上海試験センターの技術支援の寄与が大きかった[45]。

　中国に随伴進出した部品企業の中には中小規模の企業が多く，社内に試験装備をもっていない企業が多数ある。これまで海外から中国に輸入した部品と中国現地生産部品は中国国家認証を受ける必要があり，その期間も3～4カ月程度かかるのが普通だった。2008年11月，上海技術試験センターは中国国家認証委員会から自動車部品の試験全般にわたり国家認証を獲得した。そこでは電子，材料，測定，耐久試験室などをもっており，品質テストおよび認証業務を遂行している。韓国人研究員は1名だけで，他の22名は中国研究員である。

　現代モビス上海技術試験センターで性能試験に合格した自動車部品は，中国国家認証を受けたのと同じ効果を有することになった。自動車部品試験で国家認証を受けたのは，中国に進出した韓国企業としては初めてのことであり，中国国内外の自動車メーカー全体の中でも上海TRWなどわずか20社しかない。現代モビス自社内での試験だけで認証が受けられることにより，認証期間の短縮と費用の節減ができ，中国に随伴進出した協力部品メーカーの品質向上を後押しできると考えられる[46]。

　このほかに，上海部品センターを中心に物流事業も拡大している。上海部品センターは2002年に設立された最先端の物流システムと装備を備えており，中国における現代自動車および起亜自動車にアフターサービス部品を供給するほか，一部の部品を海外拠点にも輸出している[47]。

　現代モビスによれば，同社は2014年に中国黒龍江省の黒河市に中国冬季走行試験場を稼働させた。零下20度以下の気候における冬季走行テスト，凍結路における試験などのテストが可能であり，中国現地走行テストを通じて部品

を評価・検査することで,中国市場に対応する試みである。

2. 中国における A/S 事業

現代モビスの強みの1つに,グローバルにおける A/S 物流ロジスティクスがある。2010年時点で,現代モビスは22カ所の物流センターを通して,200カ国以上の国の166車種に必要な140万種類の純正品を供給するという[48]。将来的には,物流センターを25カ所に増やす予定である。安定的な部品供給と効率的なロジスティックスの構築を目指して,物流担当会社のGLOVISも中国に随伴進出させた。2005年7月に独資物流会社の北京格羅唯視儲運有限会社を北京に,江蘇永昌儲運有限会社を江蘇省塩城に設立した。

2004年に設立された北京現代モビス汽車配件は,中国における北京現代と東風悦達起亜のA/S(アフターサービス)部品を担当している。中国現地で生産を行っていない部品などは,2001年8月に設立した現代自動車(上海)有限公司を通して,自動車部品を輸入している。北京現代モビス汽車配件はアフターサービス用部品を北京現代に提供する。現代モビス50%,北京北汽鵬龍汽車服務貿易50%の出資となっている。当初は北京汽車投資有限公司の株式50%を出資したが,2012年にその持分を北京鵬龍汽車服務貿易社に譲渡したのである。北京,上海,武漢など,中国全土に7カ所の物流センターをもつようになった。

現代モビスのグローバル物流ネットワークは2つの方向に展開されてきた。1つは,輸出用車両のA/S部品を供給する物流基地である。2つ目は現代自動車の随伴進出であり,進出先生産車両のA/S部品を供給する物流基地である。現代モビスは2001年10月現代自動車の上海法人である現代汽車上海有限公司を引き受け,上海物流センターをオープンした。同センターは中国では初の物流基地である。上海物流センターは2002年7月に専用面積が4200坪に達する大型物流倉庫を設け,起亜自動車のA/S部品も統合管理した。2006年以降は北京物流センター,江蘇物流センターが設立された[49]。

次は,随伴進出型の物流センターをみてみよう。2004年3月,北京汽車投資有限公司と50%ずつ出資して,北京物流センターを設立した。同年9月北京現代からA/S部品部門を引き受け,10月から北京現代の生産車種にA/S事

業をはじめた。2004年11月には，塩城に江蘇物流センターを設立し，2006年1月から東風悦達起亜の生産車種に，A/S部品を供給しはじめた[50]。

注
1 現代モビス (2007)『現代モビス30年史』，302ページ。
2 現代・起亜グループニュースプラザによる。
3 2009年9月15日江蘇省塩城経済開発区におけるインタビューによる。インタビュー対象者は，Hu maolin (副書記)，Frank Chang (副局長)，Zhang Zhenguo (副局長) の3名。
4 同社ホームページによる。
5 東風汽車有限公司ホームページより。
6 同社ホームページによる。
7 同社ホームページによる。4S店とは，自動車の販売 (Sale)，部品の販売 (Spare parts)，修理などのアフターサービス (Service)，顧客情報の管理 (Survey) の4機能を持つ店舗を指す。
8 東風悦達起亜ホームページによる。
9 FOURIN『中国自動車産業2008』，226-229ページ。
10 北京汽車ホームページによる。
11 「北京現代第2工場の品質管理」『北京現代新聞』2010年4月12日。
12 「北京現代万里の長城を超え，進出7年ぶりに4位に」『日曜ソウル』2010年4月26日。
13 「北京現代，第3工場を計画 SUVを生産」『中国経済・産業ニュース』2009年8月14日。
14 FOURIN (2008)『中国自動車産業2008』，226ページ。
15 「北京現代第2工場の品質管理」『北京現代新聞』2010年4月12日。
16 FOURIN (2008)『中国自動車産業』，226-229ページ。
17 韓国産業研究院 (KIET)「北京現代自動車の販売増加原因分析」2009年2月16日。
18 2010年2月25日，元現代モビス社員K氏に対するインタビューによる。
19 2013年8月のインタビューによる。
20 横山 (2004)，148ページと北京汽車集団のホームページによる。
21 1987年にAMCはクライスラーに買収された。
22 「北京汽車，サーブを一部買収」，『人民網』2009年12月15日。
23 同社に対するインタビュー，2012年12月28日。
24 海納川ニュースセンター，2010年7月8日。
25 付 (2008) による。
26 「現代車の中国パートナー北京汽車が怪しい走行」『中央日報』2006年12月26日。
27 首鋼は1919年に設立された。北京に鉄鋼工業基地を設けていたが，最大の工業汚染源でもあった。政府は，2010年以降，鋼鉄製錬工場を，河北省唐山市曹妃甸地区に移転することを発表した。
28 現代HYSCOのホームページによる。
29 2010年2月25日，元現代モビス社員K氏に対するインタビューによる。
30 現代自動車 (2004)『営業報告書』による。
31 「サムスン電子21位，現代自は72位 ブランド価値世界ランク」『朝鮮日報』2008年9月20日。
32 「グローバルブランド価値初60位圏入り」『現代自動車グループニュースプラザ』2009年9月18日。
33 現代モビスホームページによる。
34 前掲『現代モビス30年史』，302ページ。
35 2006年3月，同社におけるインタビューによる。
36 前掲『現代モビス30年史』，303ページ，及び現代モビス中国法人のホームページによる。

37 同上。
38 同上。
39 同上。
40 「現代モービス,中国の完成車メーカーと部品供給契約」『朝鮮日報』2008 年 4 月 28 日。
41 「現代 AUTONET と現代モビスの合併背景」『毎経エコノミー』2009 年 6 月 10 日。
42 前掲『現代モビス 30 年史』,321 ページ。
43 2006 年 2 月,同社におけるインタビュー内容と同社ホームページによる。
44 前掲『現代モビス 30 年史』,303 ページ。
45 同上書,325-326 ページ。
46 「自動車部品:現代モビス,中国市場攻略を本格化」『朝鮮日報』2008 年 11 月 12 日。
47 前掲,302-303 ページ。
48 「現代モビス,部品競争力強化でリーダーシップを拡大」『エコノミックレビュー』2010 年 4 月 20 日。
49 前掲『現代モビス 30 年史』,297 ページ。
50 同上書,298 ページ。

第5章
中国における現代モビスの機能と役割

第1節　現代自動車の随伴進出企業の実態
第1項　随伴進出プロセス
1．サプライヤーの選定

　自動車部品は技術要素（安全にかかわる保安部品など）を重視するかコストを重視するかによって次の2種類に区分できる。前者には，エンジン，駆動・電動・ステアリング，懸架・制動部品，電子・電装部品が含まれる。後者は，調達の原価低減要求が厳しく，コスト競争力が重要視される汎用品が多く，車体，外装部品，内装部品等が挙げられる。

　現代自動車の場合は，駆動，シャシー，艤装，電装，車体ごとに業種を分類し，さらに各業種別に部品類型をコア部品，技術系，技能系，一般部品の4類型に区分した。この部品分類どおりに1～3社の企業を選定するが，周期的に更新されるという。購買方式には戦略購買，審議購買，公開購買方式があり，部品類型によって選定方式も異なる。コア部品は戦略購買，技術系と技能系部品は審議購買，一般部品は公開入札で選定する。選定プロセスをみると，まず1次部品メーカーから，特定水準以上のメーカーに対して提案書を発送する[1]。

　現代自動車は部品メーカーを評価するための認証システムを運営し，サプライヤーの選定及び購買契約継続の基準資料として活用している。1次部品メーカーの競争力が結局2次部品メーカーの競争力にかかわることから，現代自動車は2次部品メーカー認証システムも運営している。「SQ-Mark」（Supplier Quality 認証）がその1つである。基本的には2次部品メーカーに対する管理は1次部品メーカーに委任しているが，1次部品メーカーが2次部品メーカーを選定する際に，その対象はこの認証システムを獲得したメーカーに限定されている。すなわち，現代自動車の1次部品メーカーと取引をするためには

「SQ-Mark」の取得が必要不可欠である。「SQ-Mark」は，現代自動車がサポートし，現代モビスなどの大手1次部品メーカーにより実施される品質認証である。1次部品メーカーは同認証システムを通じて，品質，技術，納品の実力を評価する。品質評価は，主に QS-9000 及び ISO/TS16949 等と関連して実施される。上海試験センターでは原材料のテストなどが行われる。そして必要に応じて，韓国の技術研究所にサンプルを送って評価する場合もある。技術評価は，研究所で該当部品メーカーの R&D 分野に対し評価をする。納品に対しては，納入不良率に関する調査によって判定される[2]。

2. 随伴進出プロセス

次に随伴進出プロセスを説明する。まず，完成車メーカーは海外進出を決めた後，部品の調達類型の決定と随伴進出部品メーカーの選定に着手する。部品の調達類型には，①内製（完成車企業内部で生産）する，②進出先のローカルメーカーを活用する，③随伴進出企業を活用する，④ KD 供給をする，などの選択肢がある。完成車メーカーの立場から考えると，それまで取引関係を築いてきた国内メーカーが随伴進出してくれれば，信頼関係もあり，原価情報も共有できる。そのうえ，ローカルメーカーより管理しやすいメリットもある。随伴進出企業を活用する（③）ことを決めた後は，完成車メーカーは随伴進出部品メーカーの選定に進む。選定の際には，原価，品質，物流などの側面から多様な要因が検討される。そのなかでも，決定要因としては，価格競争力，品質保証力，納期，資金力，完成車工場の付近に進出可能か，などがあげられる。これらの一連の評価過程を経て，随伴進出部品メーカーが選定される[3]。

現代自動車グループは系列取引を重視した部品調達を進める傾向が強く，海外進出の際に1次部品メーカーに随伴進出を要請するケースが多い。とりわけ，1980年代にカナダに進出し失敗した経験から，サプライチェン構築の重要さと必要性を認識し，それ以降の海外進出の際に系列部品メーカーの随伴進出を積極的に要請している[4]。もちろん，万都のような独自開発力をもっており，海外でもその技術力を認められた独立系部品メーカーの場合は，系列とは関係なく，海外進出先でも調達している。

現代自動車は北京進出を決めた後，徹底した調査を通じて，北京地域には競

争力のある部品メーカーが少なく，品質に満足できる原材料を調達することは不可能であると判断した。韓国から部品及び原材料を調達するというKD方式は，物流費用がかかるうえに関税という壁もあって，逆にコスト競争力がなくなると予想した。これらの要因を総合判断した結果，現代自動車はそれまで韓国で取引をしてきた1次部品メーカーに積極的に声をかけた。現代モビスをはじめとする有力自動車部品メーカーの数十社に随伴進出を求めたのである。

　一方，部品メーカーの立場から考えると，完成車メーカーに追随して進出しても，競争が激化する中国市場では，完成車メーカーの厳しいコストダウン要請に応えなかったら，取引が将来も継続する保証はどこにもない。このような部品メーカーの心理を読んで，現代自動車は随伴進出を要請する際に，さまざまな魅力的な条件を提示したのである。

　現代自動車グループの随伴進出プロセスを，もっと詳しくみていくと，以下のような6段階によって行われる[5]。第1段階では，現代自動車本社は，まず海外生産拠点で生産する車種を選定する。第2段階では，車種別に部品品目を調達方法に基づいて整理する。例えば，随伴進出企業から調達する品目，現地部品メーカーから調達する品目，韓国からの輸入部品を使用する品目，現地生産拠点で自作する品目などに分けられる。第3段階では，部品メーカーに随伴進出意思を打診する。第4段階では，随伴進出意思を表明した部品メーカーを対象に，より詳細な情報を提供する。第5段階では，随伴進出意思がある部品メーカーからの事業計画書を検討し，有力候補企業を選定する。この段階で主に考慮する項目としては，初期生産の20万台を前提にした場合の品質と部品単価などである。なぜならば，現代自動車は海外進出する際に，損益分岐点を勘案して初期生産能力を最低20万台と設定しており，それを基準に部品メーカーの事業計画書を検討する必要がある[6]。第6段階では最終的に随伴進出企業を選定し，これらの企業の随伴進出をあらゆる方面からサポートする。実際にインタビューしたTier1，Tier2企業もこのような手順で随伴進出をしたと答えた[7]。

　実際中国でインタビューした複数の部品メーカーは中国に子会社をもっていても，インド市場など現代自動車グループの他の海外拠点にはまだ随伴進出していないと答えた。なぜならば，現代自動車は他の国では中国市場ほど生産能

力を拡張しておらず、販売拡大による部品の安定的な供給が保証されないと判断し、随伴進出を躊躇したという[8]。

　天津に進出したHJ社も北京現代が進出した2002年ではなく、その4年後に中国に進出したが、このように進出時期をずらしたのも、北京現代の生産能力拡大と市場需要の潜在性を期待して進出を決めたという。

　随伴進出したTier2企業の中には、最初は現代と起亜のみと取引をして、徐々に他社への拡販を遂げた企業も複数あった。このような動きに対して、Tier1企業は多少不満があっても、他社への拡販を制限する措置は一切取らないという。一方、新型車種の投入や部品の国産化を進めている外資系メーカーや、安全技術と環境技術の取得を渇望している中国系完成車メーカーは、系列や既存の取引関係にあまりこだわらない傾向がある。

3．進出年別推移

　現代自動車の海外進出に伴って、随伴進出自動車部品メーカー数も年々増加する。韓国自動車産業協同組合によれば、2012年時点ですでに600社に及ぶ。うちTier1メーカーが240社、Tier2メーカーが360社に達する[9]。なかでも中国に進出した企業数が最も多く、海外随伴進出韓国自動車部品企業全体の7割弱が中国進出企業である。

　中国自動車市場は世界で最も注目を集めている市場の1つである。2009年の生産、販売台数とも1300万台を突破し、両方とも世界第1位を占めるまでに成長した。中国自動車市場は現代自動車にとって、同時点までは3番目に大きい市場である。北京現代と東風悦達起亜の生産開始に伴って、韓国系自動車部品メーカーの対中進出も増大している。そして、中国の潜在市場におけるシェアの拡大を図って、現代自動車は中国における生産能力を続々と拡大しており、それまで中国進出を見送っていたTier2、Tier3企業の中国進出も目立っている。

　韓国自動車部品メーカーの中国進出は1981年からであり、1994年から1996年にかけて増加した[10]（図表5-1を参照）。この時期に進出企業数が増加したのは、主に韓国での労賃上昇やウォン切り上げにともない、労働集約的な部品部門が低賃金を求めて中国に進出した結果であった。そして、進出目的からみ

図表 5-1　中国進出韓国自動車部品メーカー数の推移

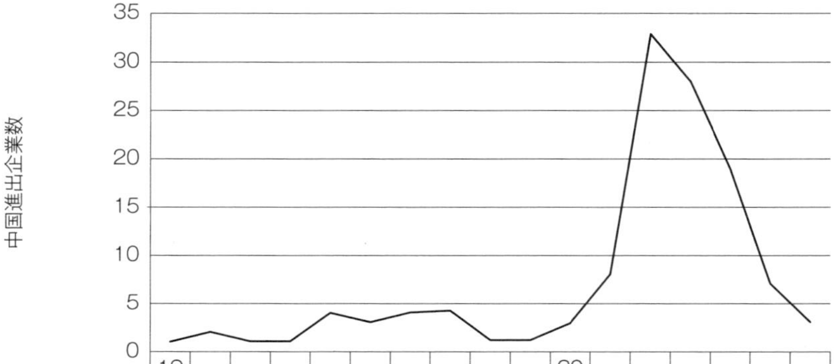

	1981	91	92	93	94	95	96	97	98	99	2000	01	02	03	04	05	06
企業数	1	2	1	1	4	3	4	4	1	1	3	8	33	28	19	7	3

出典：鄭・李（2007），169ページを基に作成。

ても，2000年以前は，持ち帰り輸入（逆輸入，Buy-back）を目的とした工程間分業製品が主なものだった[11]。

韓国自動車工業協同組合（KAICA）の2006年末の統計によれば，会員企業のうち中国に進出した企業は126社にのぼる。同年における韓国の1次自動車部品企業数は901社に達しており，その14％弱が中国に進出したことになる[12]。鄭・李（2007）によれば，中国に進出した126社のうち，北京現代自動車が設立された2002年以前に進出した企業は33社のみで，3社は進出時期が不明，そして全体の70％に達する90社は現代自動車グループを伴って進出したか，北京現代の設立後に進出した（図表5-1を参照）。とりわけ，2002年の北京現代が設立された年には，33社が現代自動車に伴われ進出し，翌年に28社，翌々年には19社と，中国進出韓国部品メーカーのうち65％が2002年から2004年までの3年間に中国に進出したのである。現代自動車グループの中国進出が韓国自動車部品メーカーの随伴進出を加速させたことがうかがえる。

第2項　随伴進出地域

1．進出地域別分布

対外経済政策研究院は2007年に韓国自動車工業協同組合の資料を基に中国

進出韓国企業126社の地域別企業数を統計した[13]。その分布統計を図表にしたものが図表5-2である。これによると，北京現代が立地している北京，天津，河北省に進出した部品メーカーは41社に及び全体の32％を占めており，東風起亜が立地している塩城の周辺に進出した部品メーカーは35社で28％を占めている（図表5-2を参照）。2002年から2004年の間に進出した80社の地域分布を見ると，北京に25社，江蘇省に23社，山東省に15社，その他の地域に17社が進出している。

　韓国系自動車部品メーカーが北京及び江蘇省という特定地域に集中する理由は以下のようである。第1には，現代自動車グループの立地条件に影響されていると考えられる。同グループの中国における完成車組立の2つの工場がこの2地域に設立されたからである。すなわち，北京現代は北京に立地しており，東風悦達起亜は塩城に立地している。

　第2に，現代自動車グループのモジュール担当メーカーである現代モビスがこの2地域に進出していることである。大きい単位のモジュールを完成車メーカーに納品するためには輸送コストがかなりかかり，モジュール組立メーカーは完成車メーカーの近くに立地するのが常識であり，現代モビスも例外ではない。前述のように，現代自動車グループは中国においても，現代モビスによる

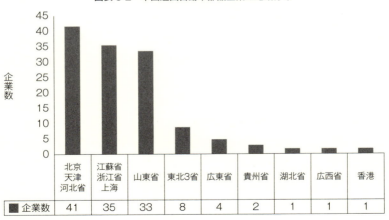

図表5-2　中国進出自動車部品企業の地域分布

	北京天津河北省	江蘇省浙江省上海	山東省	東北3省	広東省	貴州省	湖北省	広西省	香港
企業数	41	35	33	8	4	2	1	1	1

出典：鄭・李（2007），170ページを基に作成。

モジュール供給方式で完成車を組み立てている。このような生産方式に対応するために，部品メーカーのほとんどは，北京現代，東風悦達起亜，現代モビスの近隣に進出したのである。韓国系部品メーカーの場合，直接現代自動車に納品する場合もあるが，そのほとんどは現代モビスに納品し，モジュール化されて現代自動車に納品される。そのために1次，2次部品メーカーも輸送コストを考え，モジュール組立メーカーに近接して工場を設ける場合が多い。すなわち，北京に進出した25社はほとんど，現代モビスのTier1であり，その中には同時に北京現代のTier1でもある企業も複数ある。そして江蘇省に進出した23社は江蘇モビスのTier1企業である。

第3に，韓国に逆輸入するための低コストの生産基地として活用されていることがある。図表5-2に示すように，北京と江蘇省の次に進出企業が多い地域は山東省である。山東省は，地理的に韓国に近く，2000年代前半までは韓国の逆輸入基地として位置づけられていた。しかし2007年以降，日照市に現代自動車グループのエンジンメーカーである日照WIAエンジンが設立されてから，韓国のTier2，Tier3企業の日照進出が増えており，韓国自動車部品工業団地までできたのである。そして，これらのメーカーの製品は従来の逆輸入だけでなく，北京現代と東風悦達起亜，そしてそのTier1への納品も増える傾向にある。

随伴進出部品メーカーの進出都市をその他の外資系企業と比較してみると，韓国系は天津への進出企業数が一番多くその次が北京と青島，上海である。日系企業の場合は上海を中心とする江蘇省と広東省への進出が圧倒的に多い。進出目的で調べると36％が随伴進出で，次に多いが安い人件費を狙って進出したのである[14]。

2．山東地域における自動車部品団地

北京と塩城の完成車生産拠点を支えるもう1つのサプライヤー拠点が日照，青島，烟台を中心とする山東地域である。ここでは，日照，青島，烟台の順に同地域における自動車部品産業団地について考察する。

まず，山東省と関わりが強い現代自動車のトップ経営者の1人についてみていこう。薛栄興は，現代自動車の中国進出過程において重要な役割を果たした

人物である。この人物は，現代自動車の副会長で，同時に現代自動車（中国）投資有限公司の最高責任者でもある。鄭夢九は，中国進出を決めた当初から薛栄興を重用したのである。コネ（関係）の強い中国に進出するためには，政府との粘り強い交渉が必要であり，華僑の薛栄興は最適な人物であったからである。薛栄興は1945年8月にソウルで生まれた韓国3代目の華僑であり，原籍は山東省である。以上のような背景もあって，日照市政府は2003年から薛栄興を通じて現代自動車とコンタクトをとった。以降，薛栄興と現代自動車の中国事業部は何度も日照市に入り現地調査を行った。3年後の2006年11月には日照に，WIAエンジン工場の建設を始めたのである。ちなみに，烟台開発センターの立ち上げも同人物が後押ししたのである。

　現代自動車は2010年日照市政府と自動車部品に関する協議をとりまとめた。WIAエンジン，WIA自動車金型，DYMOSに次ぐ現代自動車の大きいプロジェクトである。総投資額は2億9000万ドルに達し，生産能力は自動車中核部品80万セットに達するという。第1期に1億3000万ドルを投資し，40万セットの生産能力を構築し，2011年には稼動し4速，5速自動車変速機を生産する予定であった[15]。WIA金型の240万セットの金型生産能力，WIAエンジンの40万台のエンジン生産能力に加えて，80万セットの変速機生産能力を勘案すると日照は現代自動車グループの重要な自動車部品生産基地となった。

　日照市面積は294平方キロメートル（日照市管轄区域総面積5310平方キロメートル）で，管轄区域人口は2009年現在約284万5000人に達する[16]。日照市内だけの人口は30万人程度である。日照は，北は青島港，南は連雲港に隣接しており，日照港と嵐山港の2つの大規模な港湾がある。大阪，横浜，名古屋，釜山，平沢と運航しており，年間総取扱可能貨物量は5000万トンを上回る。1991年に国から特別開発区に指定された。主な産業は鉱山，機械，セメント，化学工業，繊維業，エレクトロニクス等の工業製品の生産及び落花生，果物，野菜等の農産物の生産などがある。

　現代自動車グループは2007年から自動車エンジン，金型などの工場を相次いで設立し，日照市は同グループのグローバル自動車部品調達における重要な生産基地に組み込まれた。以下は，2009年時点で日照経済開発区に工場を設けた現代自動車のTier2，Tier3企業である[17]。日照経済開発区には，韓国工

業団地,自動車部品団地などの工業団地が数箇所ある。そのうち韓国工業団地には,威亚汽车发动机山东有限公司(日照 WIA エンジン),日照威亚汽车模具公司(日照 WIA 金型),日照钴领刀具公司などの4社が入居した。

自動車部品団地には,日照瑞荣机械公司,日照聚隆机械公司,日照太阳电子公司,日照三宝汽配公司の4社が入居した。日照経済開発区以外の地域に,日照裕罗电子公司,日照丰国电子公司,日照大永电子公司,日照阿泰克汽配公司,日照岱摩世车桥公司の5社が進出している。

次は韓国企業が多く進出している青島経済開発区についてみてみよう[18]。青島は北京と上海を中心とした2つの経済圏の中間に位置している。同市は山東半島の主要窓口であり,港湾物流施設が完備している。青島港は世界レベル港のトップ10位に入る。2013年時点で埠頭15カ所,バース72個を持っており,2012年の貨物の取扱量は3億8000万トン,コンテナーの取扱量は1450万TEUに達した。全国各地と鉄道網でつながっており,韓国とは毎月210便もある。空路では韓国のソウルと釜山までそれぞれ1時間で着く利便性があり,ソウルまでは1日11便が飛んでおり,釜山までは1日2便が飛んでいる。北京までも空路1時間の距離で,毎日14便飛んでいる。

青島開発区は1984年に最初に設立された国家レベルの経済技術開発区であり,総合実力は54の国家レベル開発区の中では第5位である。海底トンネルの開通により,開発区から旧市街地まで車なら5分で着く。海上橋を通る場合は車移動で30分の距離である。青島開発区に入居した企業の国別統計をみると,韓国系が28%で断トツに多く,次が日系と欧米系が12%に達する。同開発区には香港,台湾系企業も多く両方合わせると34%に達する。

同開発区は,「ワンストップ」行政サービスセンターを設立し,プロジェクトの認可業務を集中的に取扱い,投資促進局を設けて会社設立,工場の立ち上げまで無料でサービスを提供するなど,企業誘致のために積極的な措置をとっている。

最後に烟台開発区についてみてみよう。烟台開発区に入居した企業数はすでに5500社に及ぶ。うち外資系企業が1300社に達し,中でもダントツに多いのが韓国企業であり380社に達する。ちなみに日系企業は120社,アメリカ企業が150社に及ぶ。煙台開発区から最寄りの莱山空港と烟台港まで車で12キ

ロの距離であり,30分もかからないという交通面の利便性がある。代表的な外資企業には,アメリカのGM,韓国の斗山機械などがある。日系企業のデンソー,住友電工も同開発区に入居した。自動車産業の出荷額は開発区全体の12.5%に達し,基幹産業である。とりわけ投資規模がトップであるGM東岳を頂点にサプライヤーの集積が急速に進んでいるのが特徴である。前述のように現代自動車はGMのプロジェクトとは独立して,同地域に中国技術研究所を設立した[19]。

3. 主要随伴進出メーカーと生産品目

韓国輸出入銀行の中国進出韓国自動車部品メーカーの生産品目別統計によれば,エンジンおよびその関連の部品メーカーが29社,車体用部品メーカーが59社,動力伝達,電装品関係メーカーが10社である[20]。トヨタの場合中国進出する際に,随伴進出部品メーカーのほとんどがトヨタ系列企業か子会社であることが特徴である。現代自動車グループの随伴進出企業の中には,もちろん現代系列企業が多数を占めているが,現代自動車の資本が入っていない独立系企業も現代自動車の随伴進出要請に前向きな判断を下している。例えば,ブレーキ関連の大手部品メーカーの万都,車エアコンメーカーの漢拏空調,Seayoung精密などはいずれも現代の系列ではない。

主な中国進出韓国部品メーカーは次の図表5-3のとおりである。エンジン・変速機モジュールを生産する現代モビス,ブレーキ,サスペンション,ステアリングなどを生産する万都などがすでに中国の北京,天津,江蘇等の地域に進出したのである。これらの大手韓国自動車部品メーカー以外にも以下のような部品メーカーが中国に進出している。

たとえば,車用エアコンを生産する漢拏空調,マフラー,コンバーターを生産する世宗工業,バンパー,クラッシュパッドを生産する韓一,ブレーキパッド,ライニングを生産するSANGSIN BRAKE,トランスミッション,アクスル,ブレーキを生産するS&T重工業,ブレーキ部品を生産するSEOYOUNG,タイヤメーカーのHANKOOK TIRE,ドアモジュールメーカーのKWANG JINなど,有力韓国部品メーカーが挙って中国に進出した。SANGSIN BRAKEは1979年から現代自動車に,1982年から万都に,1986年

からデルファイにそれぞれ納品を開始した。

　現代自動車は中国に北京現代と東風悦達起亜と2つの完成車メーカーがあることから，この2拠点ともに進出しているメーカーもある。例えば，北京和承R&A（HSB）は現代自動車の随伴進出により，2003年6月に設立されたが，同じく江蘇省太倉にも和承汽車配件（太倉）を設立し，江蘇悦達起亜にも供給している。HWASEUNGの100％独資によるものである。車体部品を生産する星宇ハイテク（星宇車科技有限公司）は2004年に黒字転換（1億900万元）し，無錫に設立した星宇科技有限公司も2005年に損益分岐点に達した[21]。

　同社は，現代自動車グループに車体プレス部品を納入する1次部品メーカーである。同社は1977年に設立され，2010年時点の従業員は927名に達する。部品納入先は，現代自動車，起亜自動車，GM大宇自動車などがある。納入割合をみると，現代に72.4％，起亜自動車に13％，GM大宇に14.6％を納品している。中国には，北京，無錫，塩城，瀋陽にそれぞれ1工場をもっている。北京星宇は2002年10月に設立され，北京現代に納品している。無錫星宇は，2002年9月に設立され，東風悦達起亜に納品している。

　現代HYSCOは中国に3カ所工場を持っている。北京現代海斯克鋼材㈲は2003年に設立し，主に冷延鋼板，亜鉛メッキ鋼板，巻き鋼などを北京現代に供給している。現代HYSCOの100％出資である。東風悦達起亜が進出した江蘇省塩城には2006年に江蘇北京現代海斯克鋼材㈲が設立され，冷延鋼板，熱延鋼板，酸洗板，亜鉛メッキ鋼板などが主要製品で，これらの製品を東風悦達起亜に供給している。上記2社以外に，天津にも天津現代海斯克鋼材㈲を設立し，2011年に着工した。

　天津では冷延鋼板と熱延鋼板を生産し，北京現代と東風悦起亜の両社に供給している。韓国系自動車鋼板会社では，現代HYSCO以外にポスコも2003年から中国に進出し，江蘇省の蘇州市，重慶，蕪湖市，烟台市に冷延圧延板巻き，加工工場を設立した。そのうち，蘇州市の工場から，一部の製品を東風悦達起亜にも供給している[22]。

　そして一部のメーカーは安い人件費を狙って，韓国と近い山東省に進出して，製品を韓国に逆輸入しているメーカーもある。京信がその例である。2002年7月に青島に進出し，現代自動車の中国進出に伴い，2002年11月北京にも

図表 5-3　韓国自動車部品メーカーの中国進出状況

企業名	進出年	地域	生産部品
現代 AUTONET	2004	天津	カーオーディオ
現代モビス	2002	北京／上海／江蘇	コックピット，シャシー
万都	2002	北京／蘇州／重慶	制動系，ステアリング，懸架
世宗	2002	塩城	マフラー，コンバーター
韓一	2002	塩城／北京	バンパー，クラッシュパッド
SANGSIN BRAKE	2002	無錫	ブレーキパッド，ライニング
星宇ハイテク	2002	北京／無錫／塩城／瀋陽	車体プレス部品
S&T 重工業	1990/2002/2004	青島／広州／瀋陽	トランスミッション，アクスル，ブレーキ
SEOYOUNG	2005	天津 (Hangjin)	ブレーキ部品
HANKOOK TIRE	1999	南京（1999）	タイヤ
Kwang Jin	2003	瀋陽／北京	ドアモジュール

注：現代 AUTONET は 2009 年に現代モビスに吸収合併され，天津モビスとなった。
出典：韓国自動車工業協同組合（2007）より作成。

進出したのである。北京和信は HWASHIN の 100％独資の現地法人である。2003 年 2 月から生産を開始し，「EF SONATA」にシャシーを供給し始め，2004 年 2 月からは「XDC」(「ELANTRA」) の部品を供給し始めた。

　韓国自動車工業協会の統計によれば，自動車安全ガラスなど労働集約型部品を中心とする部品分野では，中国地場企業が低コストの量産体制を形成している。ワイヤーハーネス等は 1990 年代から生産移管を通して成熟度が高くなった。部品の種類によっては，その原材料を海外からの輸入に依存する比重が大きい場合もあり，むしろ韓国部品より価格が高く，競争力を失うこともあるという。労働集約型部品の場合は，韓国製部品より競争力をもっているとの調査結果であった[23]。

第 3 項　中国における部品取引状況

1．部品取引状況

　ここでは中国に進出した韓国系自動車部品メーカーの取引実態を考察する。自動車部品取引とは，完成車メーカーと 1 次部品メーカー，1 次部品メーカー

と2次部品メーカーおよび3次部品メーカーのようにそれぞれの段階での取引を指す。1次部品メーカーは部品別に専門化して自動車メーカーから請負っているのに対し，2次および3次部品メーカーは技術別に専門化し，プレスや鍛造等の分野で特定の工程だけを1次部品メーカーから請け負うケースが多い。つまり，エンジン，変速機，等のアセンブリ部品は，主に1次部品メーカーが，プレス部品，鋳造，鍛造部品，切削部品，プラスティック部品は，主に2次，3次部品メーカーが手掛けている。

インタビューによれば，中核技術を求めるエアバッグなどの安全装置，高度な金型技術を要する主要部品などは韓国系中国進出部品メーカーから調達する[24]。インタビュー当時では，エンジンやトランスミッションなど車の核心部品に関しては韓国から輸入していた。北京現代の場合は，高い技術力を要求しない部品については，現地の中国部品メーカー13社から調達するが，部品点数全体の9％しか占めない。韓国系部品メーカーとの信頼関係もあり，そして品質と納品の問題を考慮して，進出初期にはなるべく随伴進出の部品メーカーから部品を調達して，長期取引を行っており，したがって，2006時点までは地場メーカーとの取引比重はまだ低かった。

図表5-4の中国進出韓国自動車部品メーカーの取引状況をみてみよう。対外経済政策研究院（KIEP）の調査データによれば1社取引は53社で42％を占めており，2社取引は58社で46％に達する。3社あるいは4社と取引する部品メーカーはそれぞれ7社と3社しかない。1社のみと取引をしている専属型1次部品メーカーが全体の半数近くを占めている（図表5-4を参照）。

同じく対外経済政策研究院の調査データであるが，取引先別の部品メーカー数をみると，完成車メーカーと直接取引する企業は全体の72％を占めており，1次部品メーカーと取引している企業は14％を占めている。そのうち，現代

図表5-4　中国進出韓国自動車部品メーカーの取引状況

	1社	2社	3社	4社
企業数（社数）	53	58	7	3
割合（％）	42	46	6	2

出典：鄭・李（2007）より作成。

第1節　現代自動車の随伴進出企業の実態　171

図表5-5　取引先別にみる中国進出韓国系自動車部品メーカー数（社）

取引先		完成車メーカー				1次部品メーカー			持ち帰り	輸出	その他	合計
		現代	起亜	地場系	外資系	韓国系	地場系	外資系				
進出時期	2002年以前	15	10	7	3	1	1	6	8	3	6	60
	2002年以降	51	42	3	13	15	0	7	9	1	1	142
合計		66	52	10	16	16	1	13	17	4	7	202
割合（％）		33	26	5	8	8	0	6	8	2	3	100

出典：鄭・李（2007）より。

と取引する企業は66社，起亜との取引企業数は52社と，中国進出韓国系自動車部品メーカーは韓国系との取引が圧倒的に多い。他に韓国への持ち帰り（Buyback）は8％を占めており，輸出は2％程度である。これらの部品メーカーのうち一部の企業は北京現代の1次部品メーカーでありながら，2次部品メーカーとして，北京現代の他の1次部品メーカーにも納品する。小規模部品メーカーは分業関係を重複しているケースが多い。日本のようなピラミッド構造ではなく，零細企業も中小企業も大企業も親企業と取引を直接行う構造となっている[25]（図表5-5を参照）。

2．地域別部品取引特徴

前述のようにこれらの随伴部品メーカーの進出先は主に北京，天津，江蘇省などである。北京と江蘇省の塩城付近では現代自動車グループの1次部品メーカーである現代モビス，万都等の企業が進出し，シャシーモジュールをはじめとする3大モジュール及び中核部品であるブレーキ，エアバッグ，変速機なども供給している。青島などの山東省地域では，ゴム製品やベアリングなどのメーカーが進出して，完成車メーカーとその1次部品メーカーに部品を供給するほか，韓国やその他の国への輸出も行っている。他に，長春や瀋陽などにも数社進出しているが，シリンダー，エアコン用部品，点火ケーブルなどの生産を行っており，これらの部品は現代自動車（或いは現代モビス）の2次部品メーカー経由で現代モビスに納品され，そこでさらにモジュール化されて現代の車の生産に供給されている。

3．韓国系部品メーカーの特徴

　自動車生産の場合，輸入部品が多くなるとコストが高くなり価格競争力が低下する。したがって，現地で低コスト，高品質部品の調達ができる完成車メーカーが競争力をもつことになる。しかし，中国拠点において必要とされる自動車部品のすべてを中国現地で生産あるいは調達することはそれほど容易なことではない。近年，中国でも環境・安全基準が強化されており，中国消費者が求める高性能の車を作るには世界各国の有力部品メーカーからの部品の調達が不可欠である。

　現代自動車グループは，進出当初は世界各国の有力部品メーカーおよび独立系部品メーカーなどとの取引を広げるというよりは，部品内製能力を強化するために部品企業の垂直統合を強化してきた。これにより多くの自動車部品メーカーが同グループの傘下に加えられ，海外展開の時に，「随伴進出」という方式で追随するようになったのである。

　しかし，2007年以降からは必ずしもそうとは限らない。現代自動車も中国系部品メーカーからの調達を拡大する方向に方針を変えたのである。2007年の韓国対外経済政策研究院の調査によると，中国進出韓国系完成車メーカーの部品調達状況は以下のようである。自動車産業の中間材調達の詳細をみると，中国現地調達が73.9％，韓国からの輸入が22.9％で，第3国からの輸入は3.2％に過ぎない。中国現地調達の比率は全体調達金額の90％を占めており，その内訳をみると韓国系自動車部品メーカーから54％，中国系部品メーカーから36％を調達している。他に韓国からの輸入自動車部品が10％を占めている。

　次に，中国進出主要自動車部品メーカー25社に対する調査結果をみてみよう。25社の原材料の調達をみると，中国現地の調達比率は51％を占めており，韓国からの輸入比重は41％，第3国からの調達が8％を占めている。中国現地調達の内訳をみると，韓国系企業の比重が61％，中国系企業からの調達が33％，中国進出外資系企業からの調達が6％を占めている。そして中国進出自動車部品メーカーの現地メーカーへの拡販の動きも活発である。納品先別売上高の内訳をみると，中国現地販売は73％を占め，22％は韓国に逆輸入（Buyback），5％は第3国に輸出となっていた。中国現地販売の詳細をみると，中国

に随伴進出した企業への納品金額が78％を占めており，中国企業への納品が10％，中国進出第3自動車メーカーへの納品は12％に過ぎない[26]。

　以上の現代自動車の中国における部品取引構造を分析した結果をまとめると，部品については2006年まで韓国系専属取引比重が高いという印象が強い。すなわち，現代自動車は，主要部品分野では垂直統合を強化しており，現代モビスなど系列部品メーカーの強化による系列部品事業の拡大を図っていたのである。しかし2007年以降，ローカルメーカーからの調達を増やすという動きも明らかになった。韓国系自動車産業が世界レベルの競争力を獲得するためには，系列部品メーカーの拡大だけでなく，独自技術をもっている独立系部品メーカーの活用と競争力の強化が重要課題となる。部品調達においてグローバル競争が始まっており，韓国系部品メーカーにとっても競争で生き残るためには韓国系自動車メーカーだけでなく，取引先を全世界の自動車メーカーに広げるべきと意識し，徐々にグローバル大手自動車メーカーだけでなく，中国民営自動車メーカーまで視野に入れて，積極的に他社拡販を行っている。

第2節　中国におけるTier2，Tier3の事例[27]

第1項　現代・起亜の主要Tier1企業

1．現代モビス

　北京現代自動車を支えるモジュール事業の中核は，北京モビス（順義モビス）である。同社は，現代自動車が100％出資している独資企業である。傘下のTier1企業数は45社を数え，彼らが北京モビスに納入する部品数は649種に及ぶ。北京モビスは，これらの多岐にわたる部品をコンピューターで管理する。傘下の45社のロケーションをみれば，45社中17社は，北京から半径75km以内の北京・天津地域に立地しており，その社名をみれば，万都，ビステオン，デンソーなど重要保安部品を生産する企業が集中している。北京，天津地域の現代モビスは現地法人6社，その他の随伴進出企業が32社，多国籍企業が4社，中国ローカル企業が3社ある。

　われわれが注目すべきは，この最後のローカル企業の3社である。錦州漢挐をはじめとするこの3社からそれぞれ6品目，3品目，3品目を調達する。い

ずれもプラスチック成型部品を北京モビスに提供している。ローカル企業のちの錦州漢拿は 1996 年 3 月に設立された。主要生産製品はモーターであり,主な納品先には,北京現代のほかに,第一汽車,東風汽車,奇瑞汽車などがある[28]。残り 2 社はピュアローカル企業である。

このように地場企業の参入件数が少ないのは,何も北京モビスに限定された話ではなく,この業種に一般的に見られる現象である。インタビューに答えた同社の J さんによれば,「コスト的には問題ないが,品質面で合格できない企業が数多い」との話である[29]。2006 年時点の地場企業の参入件数が,同じ 3 件であることを考えると Tier2 企業の活用という問題は,品質面での厚い壁に阻まれて計画どおりには増加していないことがわかる。また,多国籍企業の 4 社は,バレオから 2 品目,上海サクスから 3 品目,デンソーから 6 品目,ブコジメンスから 10 品目の合計 21 品目に及ぶ。先のローカル企業が 3 社で,合計 12 品目にのぼり,社数の割には品目件数が多いのが特徴である。

中国進出外資系部品メーカーの特徴の 1 つに,中国における拡販がある。現代モビスは 2008 年 4 月に現地自動車メーカー長沙衆泰汽車と 4000 万米ドル規模のブレーキ部品供給契約を締結した[30]。江蘇省無錫のモビス工場から供給している。供給車種は長沙衆泰汽車が 2008 年 11 月から生産を始める「Lancia Lybra」で,年間 30 万台分を供給している。韓国タイヤは,2008 年に浙江省に工場を増強することで生産能力を拡大した。中国における主な供給先は上海汽車のほかに,奇瑞汽車,吉利汽車等地場メーカーも含まれる。

2. 現代 WIA[31]

日照 WIA(中国名は威亜汽車発動機以下,WIA)は 2006 年 9 月に設立され,翌年 4 月から稼働した。投資総額は 4 億 9000 万米ドルで,出資比率は現代自動車 22%,WIA が 30%,起亜が 18%,日照港(国有企業)が 30% である。日照における WIA の主要製品は α エンジン,γ エンジン,金型などがある。日照 WIA には 2 つの工場がある。第 1 工場は 2007 年 4 月に稼働し,年間 10 万台の α-Ⅲエンジンを生産している。α エンジンは,主にロシア,インドに輸出をしている。2009 年からはトルコにも輸出を始めた。第 2 工場は 2008 年 7 月から稼働し,γ エンジンを生産している。年間生産能力は 15 万台に達す

第 2 節　中国における Tier2, Tier3 の事例　　175

る。金型生産は同じ敷地内にある WIA 汽車模具有限公司（日照威亜汽車模具公司，以下 WIA 金型）が担当する。2009 年 9 月 10 日訪問時点ではまだ正式に稼働してなかったが，エンジンのシリンダー，アルミニウム金型などを生産する予定だと答えた。

　2010 年 7 月時点では，生産能力が 40 万台規模であるが，将来 130 万台まで生産能力を拡大する予定である。金型は北京現代と塩城起亜に提供するという。2008 年には 300 億ウォンを投じて，江蘇省張家港市にも金型工場を設立し金型を生産供給している。WIA はエンジンモジュールの組み立ても行っているが，モジュール事業は韓国本社のみで行われている。中国では，エンジンの組み立てと金型事業に集中している。

　エンジン工場の製品の納品先をみると，2008 年までは 100％海外に輸出した。主な輸出先は，ロシア，インド，エジプト，スロバキアである。これらの国に進出した現代自動車の現地法人に納入しているのである。2009 年からは北京現代と塩城起亜にもエンジンを供給する。a エンジンはスペインなどへの輸出がほとんどであり，クランクシャフトは悦達起亜に主に供給している。γ エンジンに関しては，北京現代が今年投入した新車種の生産に合わせて，γ エンジンの生産も開始したのである。γ エンジンは，2009 年までは北京現代と東風悦達起亜に供給するが，徐々に 100％輸出に切り替える予定である。

　日照 WIA の従業員規模をみると，2009 年 9 月訪問時点で 194 名である。うち管理層が 41 名，生産に携わる従業員が 137 名，その他が 16 名である。

　WIA 金型は，威亜汽車配件（張家港）有限工公司，威亜株式会社が 5700 万米ドルを投資して設立した。江蘇省張家港市にも WIA の金型工場——威亜汽車配件（張家港）有限工公司があるが，日照のこの金型工場とは次のように棲み分けをしている。江蘇省では，工作機械，鋳造，CV ジョイントを生産しており，日照では，金型の製造が主である。

　WIA 金型の主要製品はプレス金型 VDR A 級と MIP PART である。2009 年の年間生産能力は 240〜250 セットだが，将来 440 セットに拡大する予定である。供給先をみると，北京現代と塩城起亜，中国完成車メーカーに納品する以外に，海外輸出も行っている。生産ラインは 3 つあり，うち 1 つは組立ラインであり，残り 2 つはそれぞれシリンダーとクランクシャフトを加工する加工

生産ラインである。同社の従業員規模は 2009 年 9 月訪問時点で 166 名，うち管理層が 36 名で，生産に携わる従業員は 130 名である。

中国では金型の製造のみに集中しており，金型の設計は韓国で行われている。1 個の金型を完成させるのにものによって違うが，大体 6 カ月から 1 年かかるという。金型の原材料は現代自動車の随伴進出企業である現代 HYSCO から調達する。現代 HYSCO は塩城と北京に進出しており，原材料の調達先は生産車種によって違う。北京現代に納入する金型の製造に必要な原材料は現代 HYSCO 北京から，東風悦達起亜に納入する金型の製造に必要な原材料は現代 HYSCO 塩城から調達している。

WIA の 1 次部品メーカーは，エンジン工場だけで計算すると，韓国メーカーと現地メーカーを合わせて 47 社ある。そのうち日照には 1 次部品メーカーが 4 社あるが，すべて韓国企業である。太陽電子，三宝などがあげられる。太陽電子は点火装置を生産する企業で，βエンジンに納品する。三宝はパイプ類の生産メーカーであり，日照 WIA の γ エンジンの生産開始を機に中国に進出した企業である。

現地調達率をみると，80％ぐらいは中国現地で調達する。残りの 20％は CKD である。インタビューに答えた A 氏によれば，エンジンの組み立てには 247 個の部品が必要だが，そのうち基幹部品及び品質面で重要な部品は韓国から輸入するという[32]。その輸入する部分が 20％である。為替レートの影響で，現地調達よりむしろ輸入するほうが，調達コストがより低く，コストダウンにつながる場合もあるという。

3．万都

万都は中国に 6 つの生産拠点と，2 つの R&D センターを持っている。生産拠点は合弁会社 2 拠点と，独資 4 拠点がある。2004 年に天津に進出し，2005 年には北京にも進出し，ブレーキシステムとサスペンションシステムの生産を開始した。

上海万都雲雅空調有限公司は，2001 年 2 月に設立され，バス向けエアコンを生産している。供給先は，中国の丹東黄海，東風汽車，厦門金龍，鄭州宇通，中通客車などである。自社内に試験センターをも設立した。

万都(蘇州)汽車底盤系統件有限公司は,2002年7月に設立された。ABS (Antilock Brake System),ステアリングシステムを生産し,供給先は上海GM,東風悦達起亜である。

万都(北京)汽車底盤系統有限公司は2003年1月に設立された。同社は,北京現代,東風悦達起亜にシャシーモジュールを供給している。

万都(天津)汽車底盤零部件有限公司は2004年12月に設立され,エンジン用鋳造部品,ブレーキシステム,ステアリングシステムを北京現代,東風悦達起亜,長安汽車などに供給している。

また,哈爾濱万都汽車底盤系統件有限公司は2002年10月に設立された。万都が80％,哈飛汽車が20％を出資した。制動システム,ステアリングシステム,バキュームブースターを哈飛汽車,第一汽車に供給している[33]。

第2項　北京,天津,山東地域における Tier2, Tier3 企業

以下,前項で触れた現代モビス,現代 WIA,万都に部品を納入している Tier1 企業,現代・起亜からみれば Tier2, 3 企業に限定し,地域別にその実態を分析することとしよう。

1. 北京,天津

① W 社の事例

ここでは,万都の Tier1,すなわち現代自動車の Tier2 企業の事例をみていこう。Tier2 においても,現代系列への依存度が高く,収益安定のためにトヨタなど系列外企業への拡販を図っている傾向がみられる。ここではインタビューデータをもとにその動きをみていこう。

W 社は,万都の1次ベンダーである。W 社の本社は韓国京畿道富川市にあり,1977年に設立された。1988年には,日本の落合社と技術提携を行った。韓国国内では華白,唐仁の2カ所に工場を有し,中国の天津工場を含めて合計3カ所の工場を有している。プレス部品,ブレーキセンサー類,キャリパー,ファスタリング,スプリング,フォーミングなどを生産している。

W 社が中国に進出した万都に部品を納入するために天津に工場を設立したのは2004年12月のことであった。その後 W 社は万都の成長とともにその生

産を拡大し，2008年12月の時点で従業員は77名，うち韓国人は3名であったが，2010年4月時点では，韓国人は3名で変化はないが，従業員は130名にまで増大した。うち技術開発に携わる技術者は7名で，2008年時点の3名と比較すると倍以上に拡大した。天津工場における主要製品をみると，ショックアブゾーバーをはじめとする自動車部品が85％で，携帯電話部品が15％である。自動車部品のうち売上高の70％は，ブレーキメーカーである万都に納入している。残りの30％は現代モビス経由で現代自動車に納入される。万都に納入した部品は，上海GM，広州ホンダのほか吉利など中国企業にも納入される。

　2010年4月30日に行ったインタビューで，同社の総経理は現在拡販を求めてトヨタ系列の企業への売込みを行っていると答えていた。そしてこのような動きは他の現代自動車の中国進出Tier2メーカーからもよく聞かれるケースであると答えた[34]。

② HJ社の事例

　HJ社の本社であるSY社は京畿道烏山に位置しており，1974年に設立された。設立当初は時計部品の精密加工事業から始め，1981年には自動車ブレーキ部品を開発生産する専門企業に発展し，現在は万都の主要協力メーカーとして活躍している。万都と資本関係がない独立メーカーであるが，30年前から万都と取引関係をもっている。1995年に14種類ABS（Antilock Brake System）関連ブレーキ部品の国産化を完了した。傘下に4社の子会社を持っている。従業員数は2008年12月時点で280人に達する。主な取引先は万都（平澤，益山工場），現代モビスである。売上高は2006年に430億韓国ウォン，2007年に450韓国ウォンに達する。

　2008年には，金融危機の影響をそれほど受けず，大きな変化がない。2008年12月30日に同社を訪問した時，日系企業のほとんどは長い休暇であったが，同社は依然として生産稼働中であった。ちょうど現代自動車のヨーロッパでの拡張期であったので，ヨーロッパへの輸出がかなり大きかったという。当時は中国現地供給が70％，輸出が30％であった。中国現地供給の内訳を最終納品先でみると，北京現代が80％，東風起亜が15％，GM5％である。2008年12月30日のインタビューによれば，韓国人は主に品質管理，技術部長などのポ

ジションについており，韓国人エンジニアも在籍している。従業員は2008年に93人，うち韓国人は4人である。JOYTECHは，100％をGMに納品している[35]。

中国には2005年に進出した。当初は北京に進出したが，北京は従業員コストと土地のレンタル料金が天津より高く，首都であることから公害制限も天津よりかなり厳しかった。このようなことを勘案して，2006年6月に工場を天津に移転した。主な取引先は現代モビスと万都であり，それぞれ50％ずつ占めている。2010年現在，現代とトヨタとの直接取引及び他社拡販のために，努力をしている。生産ラインは全部で5つあり，第1ラインと第2ラインでは万都への供給部品のボディマシンを生産し，第3ラインでは現代モビスへの供給部品を生産し，第4と第5ラインはピストンラインであり，ここで生産されたピストンは全部万都へ納入される。

2010年現在天津で生産している部品にはマスターシリンダーボディーとピストンの2種類である。同社の製品はすべてアルミニウム製品である。マスターシリンダーボディーとピストンはブレーキのモジュールに組み付けられる重要保安部品の一部である。これらの部品は，万都や現代モビスに納品された後，ブレーキモジュールに組み立てられて，現代自動車に納品される。原材料の調達状況をみると，マスターシリンダーボディーの場合は原材料の20％を韓国から調達し，80％は中国で調達している。ちなみに2009年までは逆であり，20％を中国現地調達，80％を韓国から調達したという。現代自動車の現地調達拡大の戦略方針に従い同社も現地調達率を相当増やしたことがうかがえる。2011年初には100％中国現地生産に切り替える計画であると総経理は2008年12月30日のインタビューに答えた。

一方，ピストンの場合は，原材料は2009年までは韓国からの輸入もあったが，2010年初に100％現地調達に切り替えた。他にキャリパーも現地生産する方針で，現在敷地内にキャリパー生産のためのラインを構築しており，2010年末には稼動する予定だという。マスターシリンダーは北京現代に納品される以外に，現代モビス経由でヨーロッパなどにも輸出されている。

韓国本社ではABS（Antilock Brake System）も生産しているが，ABSの場合は電子関連技術の問題もあり，中国で現地化するには技術的な面で不安定

要素が多く，今後も中国現地で生産する計画はないという。同社が韓国本社で生産した ABS 部品を CK 方式で輸入して，万都と現代モビス経由で北京現代と東風悦達に納入している。

　部品原材料の調達において，万都や現代モビスからの指定もあり，重要な部品は韓国の本社からもってくる場合もある。原材料調達先は中国現地に 3 社ある。韓国系，台湾系，中国ローカル系がそれぞれ 1 社ずつである。韓国系の 1 社は ST 社であり，ボディー用原材料を同社から調達する。ちなみにこの会社は現代モビスの推薦企業であるという。中国系企業の YH 社もボディー用原材料企業であり，この会社は万都の推薦である。ローカル企業の選定におよそ 1 年半の時間がかかった。テストは韓国本社と，中国の上海モビスで 10 回以上実験する。台湾系企業の DT 社はピストン用原材料を生産しており，同社が進出後独自で発掘した企業である。これらの企業の選定の場合，最終判定は現代自動車がするという。成分，素材が問題ないという認証を万都，モビスから受け，上海モビス以外に韓国本社でのテストも受ける。重要な開発は基本的に韓国で行い，その他の一般開発例えば中国仕様に対応するための開発は中国現地で行う。エンジニア要員は 2 名で，うち 1 名は韓国人である。

　HJ 社の方針として，進出当初はマスターシリンダーボディーのように容量が大きく，付加価値が高い部品から生産し，以降は徐々に労働コストが低く，付加価値が高い自動車部品，たとえばキャリパーなどの生産に切り替えていくことである。この付加価値の高いキャリパー部品に関してみれば，韓国では 2 社寡占体制になっている。本社 SY が 30％を，万都が 70％生産しているが，両社とも現代自動車に納品している。輸出は主に，現代モビス経由で行っている。

　マスターシリンダーボディーとピストンの 2 種類の部品については，中国で天津 HJ 社の競争相手となる企業はないという。キャリパー製品はいままでは，万都，モビスで生産してきた。だが，現代モビスからのキャリパー製品の受注が増え，万都の既存のスペースではそれに応えられなくなった。そこで，万都工場内のキャリパー生産ラインを，100％ HJ 社に譲渡し，万都はキャリパーの生産から撤退するという約束があって，HJ 社は果敢に新規投資の決断をしたのである。

HJ社は万都，現代モビスがすでに進出し，中国である程度安定的な供給が保障できると判断し中国に進出した。ただし，他の国にはまだ進出していない。同社は，今後中国で生産する部品の品目を増やす見込みであるが，ABS (Antilock Brake System) のみは例外である。すなわち，HY社はABSに関して，今後もしばらくは中国現地で生産する計画がないという。

インタビューに対し当事者は，ABSの場合は小さく，運搬コストもそれほどかからず，為替レートの関係で韓国から輸入しても損はないと考えられ，あえて現地生産する必要がないと答えた。これとは違って，日系は，ABSのうち電子部品だけ，例えばプリント基盤を日本で生産し，他の部品をすべて現地化している。

③ S社の事例

本社は1976年に設立し，当初はボルトの生産から始まった。1985年から1996年までの間に，日本の音戸工作所，旭サナック，水野工作所，ドイツのKAMAXと技術提携を行った経験がある。中国進出は2005年に始まり，水野の推薦を得て中国進出に踏み出した。スイスのSFS社との合弁という形で進出を果たした。合弁比率は50対50である。供給先は現代と起亜及びそのTier1企業の現代モビス (30％), Doosan, 長城汽車 (15％), GM五菱とGM (15％), 輸出が40％を占める。輸出先は，韓国，北米，スロバキア，インド，トルコ（量は少ない）における現代・起亜，GM工場向けである。2010年7月時点の従業員は140名に達する。

同社は北京現代のTier1（エンジン系列の部品）でありながら，Tier2（シャシーの部品エアパック万都経由で現代に入る）でもある。同じ部品でもモビスを通じで現代に入る場合もあるし，直接現代に納入する場合もある。

技術面では，進出初期段階にSFS社より派遣された技術者より指導受けた。同社の1つの特徴は，日系企業のとの技術提携の経験を生かして，積極的に日系企業をはじめとするグローバル完成車メーカーへ拡販を図ったことである。2008年と2010年，2回同社を訪問する機会があった。2010年には，トヨタから2カ月の間に2回工程検査を受けた。バルブとバルブスプリングRetainersなどをトヨタへ供給する予定であった。同部品に関しては，S社は水野社より技術提携を受けた。中国のローカル部品メーカーが作るボルト，ナットと差別

化を図るために，徹底的な品質管理を行い，原材料においても100％韓国ポスコの鋼材を使うことでより強度の高い部品を作れるという。南通に進出したポスコ支社から調達する場合もあるが極少ない比率だという。ボルト，ナットについては，一部の企業は欧米から輸入している企業ケースもあるが，それらに比べるとS社は価格競争力の優位がある。

④ D社の事例

ここでは，現代自動車のTier2であるD社のケースをみてみよう。D社の本社は韓国大田市にあり，1972年11月に設立された。1979年9月から自動車用エンジン部品のBearing Cap-blockを生産しはじめた。1987年から1992年まで日本の冷間鍛造㈱（大宮市）と技術提携を行った。1991年に自動車用Differential Bevel Gearを生産し始めた。2007年8月からD社はSolenoid事業を拡張（Remy Global business）し2010年1月に第3工場を設立し今日に至っている。天津にはサムスン電子に随伴進出し，当初は電子部品パートの生産を行ってきたが，その後は自動車部品に切り替え，上記のようなパーツ生産に乗り出した。D社は，現代と起亜が19％の株を所有しており，したがって独立系とはいえ，広くは現代グループに所属する。また，サプライヤーシステムという観点からみれば，天津では北京現代のTier2企業であるが，韓国の本社は，現代自動車に直接納入しているという点ではTier1企業に該当する。

従業員の規模をみると2008年12月時点では111名で，うち韓国人は合計7名であった。そのうちわけを見れば，管理部門が，総経理1名，副総経理2名（品質担当と開発担当）の3名で，残りの4名は品質担当の課長1名と生産現場に配属されている3名であった。ところが，サブプライム危機を経た2010年時点では従業員総数は90名，うち韓国人は4名，と両方とも若干減少した。韓国人の内訳は品質管理が2名，現場が2名となっている。D社の主要取引相手は，万都（北京とハルピン）が40％，無錫モビスが50％，YOUNGSINが10％となっている。また，売上高も2009年は2008年に比べて84％ほど増加した。ちなみに，2009年の売上高のうち53％は輸出であった。2010年時点の生産製品はSolenoid Switch, C/Piston, Oil-Pump Shaftなどである。実際の生産過程をみれば，CALIPER PISTONを万都と現代モビスに納品する。そこでブレーキシステムに組み立てられて北京現代，GMに納品されるが，それ以

外に部品単体でブラジル，メキシコ，オランダに輸出されている。重要保安部品なので，アフターマーケット市場向けの製品はない。

　生産は，承認図と貸与図両方で実施しているが，比率としては貸与図の方が多い。完成品の図がTier1企業から貸与され，それに基づいて鍛造図，加工図などを作成する。ちなみに，開発担当は2008年時点で2名，うち中国人が1名，韓国人が1名である。

　2008年にはウォン安も絡んで，生産ラインの一部を韓国へ移管したが，2009年春から生産が回復し，4，5月から受注が急増し，アメリカのアラバマ工場への製品納入も重なって9月にはピークに達した。この間，中国から撤収した韓国系企業も多かったので，設備投資を控え，人員も削減してきたため，D社の損益分岐点は下がったので，受注増がそのまま収益の増加につながり，経営状況は好転した。現在受注をこなせない部分は外注でクリアしている。

　D社のベンダーは合計7社で，そのうち韓国企業は1社のみで，他は中国系である。原材料は，万都や現代自動車から指定を受けたところから納入される。例えば鋼材は，河北省にある石家荘鉄鋼有限公司から購入する。もっとも，ウォン安の関係で，このような原材料を韓国からの輸入に切り替えたものが多い。

　現在D社が取引している主要な企業は，現代，起亜，上海GMおよびヨーロッパ企業だが，日系企業やボッシュへの拡販を計画中である。かつて錦州ハンラに拡販をかけたが，条件面が折り合わず断念した。いずれにせよ，日系や欧州企業への納入実績は，企業ブランドの向上につながるので，全力を挙げているということであった。

　D社の品質管理では，現代自動車から「SQ認証」の審査が実施され，Aランクの最高点をとれば検査工程のチェックの頻度が2年に1度ですむが，以下B，Cランクとなると，それぞれ年に一度，6カ月に一度といった具合に増し，Cランキングよりも下になると部品供給契約の更新が不可能となる。もっとも上記の検査は，現代自動車のそれであって，現代モビスや万都となると，その検査はもっと頻繁に実施されることとなる。現代モビスや万都の審査表や評価表は，現代の「SQ認証」と酷似していて，塗装，原材料，生産工程など多数のチェック項目で評価する。2010年初頭トヨタのリコール問題は，韓国企業

にも大きな影響を与え，生産設備や検査設備の更新，計測器の交換，老朽設備の交換，品質教育の強化など品質検査の頻度が急増した。

D社の品質管理に関して，いまひとつ注目すべきことは，SQA（品質管理組織）が協力会社全体に組織され，たえず品質管理に関してグループ全体が一丸となって取り組んでいることである。同様の組織は現代自動車最大のTier1企業である現代モビスにも組織されていて，これがTier2以下のグループ全体の部品企業の品質管理に大きな力を発揮している。

現代自動車のTier3に該当する天津のDH社は，日本人技術者U氏（元トヨタ）を顧問としてスカウトした[36]。トヨタを定年退職したU氏の指導により，韓国より技術の面で優れた日本の部品・素材分野のノウハウを製品設計や生産技術の開発，品質管理に生かし，生産性を高めていくことができる。U氏の指導のもとで生産工程を抜本的に改善した結果，作業のスピードが2倍近くアップし，在庫も大幅に減ったという。一連の工程改革を経て無事TS16949を取得したうえ現代自動車の厳しい「SQ認証」を取得し，現在は現代モビスのTier1経由で現代自動車に納品している。総経理のA氏はインタビューで，日本人技術人材をうまく活用すれば，試行錯誤をしなくても済むと肯定的に答えた。

2．山　東
① Y社の事例

Y社は1987年に設立した韓国本社の100％独資により設立された。Y社は2008年に中国に進出した。山東省を選んだ理由は，北京現代と東風悦達起亜への供給を優先的に考慮した場合，日照がベストだったという。北京は人件費が高く，塩城は港が使えない不便性があるに対して，日照は人件費，土地，企業誘致の面で有利だったからである。

同社の製品をみると，エンジンに入る点火装置，点火プラグ，スパクプラグ，エンジン電圧に上昇させる昇圧装置を生産する。主な供給先は北京現代，東風悦達起亜，現代WIA，北京現代モビスなどがある。中国進出の2008年以前は韓国からこれらの部品を供給したが，2008年北京現代と東風起亜によるγエンジンの採用を契機に中国に進出し現地供給を始めたのである。進出後は，現

代自動車グループだけに依存せず，積極的に他社拡販を行い，現在では中国の地場民族系企業にも供給している。現地調達を点火プラグの例でみると，2012年25種類の原材料のうち2種類が現地化でき，2013年には5種類の現地調達が可能になるという。とりわけ中国では生産できない銅線，高圧射出プラスティックなどは依然として韓国から輸入している。

従業員は170名に達し，そのうち韓国駐在は6名である。そのほかに設備の保全維持のために韓国人技術者2名が出張ベースでサポートを行う。生産能力は2012年時点で120万台に達するが，2013年には150万台，2014年には200万台へと徐々に増やしていくという。販売実績をみると2010年の1億5000万元から，2011年の2億4000万元，2012年の3億元まで増加した。

② H社の事例

H社の本社は京畿道安城市にある。2009年に中国に進出した。同社の中国進出当時は，まだエンジン生産工場は出ておらず，同社は現代自動車のTier1メーカーである現代WIA社と随伴進出した。同社の主要製品はエンジンパーツであり，具体的には空気と燃料の比率を調節する部品である。γエンジンをはじめとするNu，起亜のDCVVTの3種類のエンジンに，年間140万台分を供給している。そのうち，WIA経由で北京現代入る分が4割，WIA経由でロシアに輸出する分が4割弱，残りの2割強は起亜に入る分である。ブラジルとインドには直接韓国から供給する。

従業員は2012年現在で200名に達し，そのうち駐在員の4名は出張ベースで主に技術面のサポートを担当している。売上高は2012年時点で1億5000万人民元に達する。原材料は上海に進出したドイツメーカーであるBASFから調達する。WIAの随伴進出企業である同社は，インタビュー時点でスロバキアへの進出を検討中であった。金型に関しては，設計と製作などは韓国本社で行う。

日照には，上記2社の他にも次のような部品企業が進出した。日照瑞栄機械公司は資本金200万ドル，総投資金額2000万ドルを投じた。主にエンジンの包装，倉庫業務，運輸業務を担当する会社で，日照WIAエンジンのTier1である。日照太陽電子公司は韓国の宇宙金属株式会社の投資により設立された。電子部品，半導体部品，その他部品を年間5000万個生産している。うち自動

車部品が50％を占め，電子部品と携帯用部品がそれぞれ25％を占めている。日照裕羅電子公司は，4900万元を投じて設立された。エンジン電子制御システムと自動車部品を生産販売する。年間250万個着火装置生産能力をもっている。製品は，現代，起亜に納品している。日照丰国电子公司はケーブル類を生産し，北京現代日照WIAエンジンに供給している。

③ T社の事例

T社の本社は1954年に設立され，設立当初は自転車部品を生産から始め，1968年から現代自動車に自動車部品を供給し始めた。1994年からはマツダに，2004年からGMに供給を始めた。従業員は2011年末時点で545名に達する。韓国国内での主要供給先は，現代，起亜，GM-DAT，万都，現代モビスである。冷間鍛造，表面処理，熱処理に強い同社は，韓国最大の冷間鍛造生産メーカーであり，韓国国内で生産されているエンジンの70％に達する締め金具，ファスナ部品を同社が供給する。

T社は中国の烟台と張家港の2カ所に進出した。烟台には2004年に，張家港には2007年に，それぞれ現地法人を立ち上げた。ほかに2006年インドで現地法人を立ち上げ，アメリカでは販売と技術支援センターを立ち上げた。2010年に同社は現代自動車より「5スター」の認証を取得した。

T社烟台工場の主要取引先は，現代自動車，北京現代，HMMA，北京モビス，無錫モビス，北京万都，日照WIA，ボッシュ等がある。従業員は2010年時点において80名で，うち4名が韓国駐在員である。売り上げ規模をみると2011年ベースで9億2000万元に達する。エンジン，ステアリング，シャシーに入るボルトを生産する。現代自動車グループの取引を見ると，日照WIAにはエンジンパーツを，北京モビスと無錫モビスにはトランスミッション関連部品を供給する。同社の特徴は韓国では現代自動車グループに随伴進出したのではなく，独自の判断で中国に進出したことである。張家港ではステアリング関連部品を，烟台ではブレーキ関係部品を生産する，という棲み分けになっている。ステアリング関連部品は蘇州万都経由で上海GMに入る。ブレーキ関連部品は北京万都経由で上海GMに入る。他に，ボッシュ，南アフリカ，欧州で生産するボッシュにブレーキ関連部品を納入する。

2007年に設立したT社張家港の工場ではステアリング関連部品を生産す

る。従業員は2011年末時点で52名に達し，うち駐在員が4名である。主要供給先は蘇州にある万都である。2011年の売上高は5000万元である。

④ M社の事例

M社は1978年に昌原に設立された。設立後事業拡張を続けて，1986年には自動車部品関連事業に進出し，92年は産業機械分野にも進出した。現在の主要事業分野は，自動車部品，産業機械，油圧機械の3つであり，それぞれ50%，20%，30%を占める。2012年時点で，韓国国内の従業員は1250名に達し，同年の売上高は5億4700万ドルに及ぶ。グローバルにおける同社の従業員は2500名に達する。

海外展開は2001年の烟台進出から始まり，同年に油圧シリンダー関連工場を設立し，翌年にはアメリカに，その翌年には烟台にもう1社自動車部品関連会社を増設した。2005年には日本に現地法人を，ドイツに支社を設けるまで成長した。2007年には中国における2つの法人を統合するとともに，インドに進出した。2008年には蘇州工場を，その翌年には北京事務所を開設した。2010年には先行研究センターを設立して，新技術の先行研究，融合技術，複合技術の生かす製品開発に力をいれている。

中国での事業の内訳は油圧関連が50%，自動車部品が50%を占めるが，自動車部品関連はほぼ現代・起亜の中国拠点向けである。中国拠点の従業員は750名に達する。売上は金融危機の期間を除けば右肩上がりである。同社は1980年にミツバと技術提携をした経験があり，現在も研究開発に力をいれて，完成車メーカーに提案してコスト削減につながった場合，半分の還元を受けるという。それは現代自動車も，GMも同様である。進出後積極的に他社拡販を行い，現在は，現代，起亜だけでなく，GM，奇瑞，ビステオンにも納品している。

第3節　現代モビスの機能と役割

第1項　「基軸的Tier1」機能

1．モジュール専門メーカーとしての役割

中国進出の欧米メーカーは，VWにみられるように，地場メーカーやその

他外資系メーカーに設計図やサンプルを渡し現地調達率を高めている。日系メーカーは中国でも系列サプライヤーとの取引を重視しており，進出前後に多くの系列部品メーカーを進出させている。これらの完成車メーカーは，1次部品メーカーに複数の製品を発注することでサプライヤーの数を絞り込んでいるが，必ずしもモジュールでの納入にこだわっているわけではない。それとは反対に，現代自動車は中国でもモジュール化を積極的に進めることで1次部品メーカーの絞り込みを図っており，この点で日系メーカーとは異なる。すなわち，モジュール調達は，現代自動車の部品調達政策の基軸的な役割を担っている。

　北京現代と東風悦達起亜は現代モビスの中国法人経由の独特な部品納入方式をとっている。すなわち，北京モビス，江蘇モビスなどの現代モビスの中国法人は，完成車メーカーと多くの自動車部品メーカーを結ぶ仲介企業の役割を果たしている。これも中国で現代自動車（或いは現代モビス）がモジュール化を急展開に成功した要因の1つである。

　北京現代も東風起亜も，シャシーモジュール，コックピットモジュール，フロントエンドモジュールという3大モジュールを北京モビスと江蘇モビスに外注する。2006年のインタビューでは，外注するモジュールは部品件数全体の40％程度であると答えた。2010年3月のインタビュー時点では，モジュール化率は2006年の40％から65％まであがっていた。そして，北京現代モビスにおけるモジュール化の効果をみると，部品企業数が25〜40％削減，従業員数は30〜60％削減，コストは10〜20％減少と予測される，とインタビューに答えた[37]。

　北京モビスの1次部品メーカーのうち，データの収集ができた28社の企業概要および取引概要をみる（図表5-6を参照）。北京モビスは，主にシャシーモジュールとコックピットモジュールを北京現代に供給していることから，その1次部品メーカーのほとんどがシャシー及びコックピットモジュールに組み付けられる部品を供給している。28社のうち，シャシーモジュール用部品を供給している企業は15社，コックピットモジュール用部品を供給している企業は12社あり，1社のみがそれ以外の部品を供給している。地域別にみると，北京と天津に17社，上海を含める江蘇省付近には6社，山東省に3社，遼寧

省に2社立地している。これらの1次部品メーカーのうち，同時に江蘇モビスの1次部品メーカーでもある企業が5社，そして，同時に北京現代自動車の1次部品メーカーでもある企業が3社ある。2006年時点で従業員規模をみると中小企業が大多数を占めている。取引比率でみると，12社は100%北京現代1社のみと取引をしており，9社は複数社と取引している。

取引関係の特徴を把握するために，筆者は2005年から2008年まで，Tier2，Tier3企業を対象にインタビューを行った。そのうち，同じ企業を2～

図表5-6　北京現代モビスの取引先企業概要

取引企業	従業員数	納品種類		主要生産品目	取引比率		
		シャシー	コックピット		現代	起亜	その他
A	332		○	WIRING, SPARK PLUG	89%	1%	10%
B	245		○	BUMPER	89%		11%
C	90	○		BATT CABLE, P/CABLE	60%	23%	17%
D	360	○		PRESS HOSE	27%	39%	34%
E	135	○		ROLL MT'G BRKT	40%	10%	50%
F	289			AV	37%	9%	54%
G	249	○			9%	6%	85%
H	89		○		5%		95%
I	860		○	HTR CONNECTION	1%		99%
J	255	○		C/MBR, LWR ARM, UPR ARM	100%		
K	350			S/ABS			
L	101	○		AXLE, CHECKER	100%		
M	284	○		T/M ASSY	100%		
N	25	○		SHAFT ASSY-DRIVE	100%		
O	25	○		S/ABS；GEAR BOX；BRAKE	100%		
P	65	○		PIPE	100%		
Q	40	○	○	A/CON, HTR CONTROLL	100%		
R	110		○		100%		
S	-	○		ROLL MT'G BRKT, BUSH'G 類	100%		
T	-		○				
U	150		○	AUDIO, A/BAG	100%		
V	80		○		100%		
W	123	○		VIN PLATE	100%		
X	-	○		AXLE			
Y	22		○				
Z	-	○		BRKT			
AA	52		○	S/W 類			
AB			○				

出典：インタビュー（2010年3月と7月），韓国自動車工業協同組合（2009），FOURIN（2005）を参考に作成。

3回訪問したこともある。これらのインタビュー調査の結果をまとめると以下のようである。取引は原則的には1年単位で行い，取引先からの契約中止がない限り取引は継続される。現代自動車と現代モビスの購買政策に応えられれば，長期的取引関係が部品メーカーには保証されるという[38]。ただし，品質面で1次メーカーに対しては「5スター」制度，2次メーカーに対して「SQ Mark」制度を定期的に実施しており，工程検査で不合格となれば取引を中止される場合もある。

一方，取引は継続性をもつが，部品メーカーは完成車メーカーの厳しいコストダウンに常に応えなければならない圧力がないわけでもない。北京現代に部品を供給してきたA社の社長はインタビューで自動車部品産業はマージンが，2006年時点で5%ほどしかないのに，さらにコストダウンすることを要求されたと答えた[39]。このような現象は，韓国でも同じく現れている。現代モビスが中小下請け部品メーカーとの取引で，従属的な下請け関係を利用し，単価の引き下げ，人件費の削減などのプレッシャーをかけ，コスト削減の負担を下請メーカーに転嫁している[40]。

インタビューに回答をよせた韓国系部品メーカーの9社の部品調達の特徴は次のようである[41]。まず，現地調達率は70%から90%である。ここでいう現地調達とは中国進出韓国系部品メーカーと地場メーカー，そしてその他外資系メーカーからの調達を指す。2006年時点では，韓国から輸入する部品はすべて技術集約的な部品で，現地では調達ができない部品であった。ただ2007年から，中国市場における完成車メーカー間の値引き合戦がますます激しくなり，現代自動車グループも地場メーカーからの調達比率を引き上げる必要性について検討を始めた。しかし中国の地場部品メーカーの品質水準がまだ低いのも事実である。それに現代自動車の選定基準に沿って選定すること，南陽技術研究所と上海モビスの試験センターのテストを受けることなど，取引を開始するまでに数年かかるという。

以上考察したように，モジュール部品の供給で，現代モビスは北京現代の部品調達機能の一部を代行・補完している。従来の設計・開発，生産，部品調達の機能の一部を現代モビスに移し，モジュール化の役割がその1次部品メーカーである現代モビスに集約されており，中国進出先でも例外ではない。その

特徴をみると，韓国最大の１次部品メーカーであり，技術的にも現代自動車と協力して２次部品メーカーの育成をリードしている。特に，モジュールの開発力のない脆弱な韓国部品企業群の中では突出した実力をもち，韓国部品企業に欠けた技術開発力をもっている。現代モビスの急成長の裏には，現代自動車のモジュール部品メーカーを育てようとする経営戦略がある。

２．随伴進出企業の統括

現代自動車グループは進出当初，中国で新たに部品メーカーを開拓するより，現代の中国展開に伴って進出した部品メーカーと取引をしていた。その後，すでに進出した韓国系部品メーカーをはじめとする一部の現地部品メーカーとも取引を開始している。2005年の7月までは現代自動車グループ全体の随伴進出部品メーカーは107社である。うち北京現代のTier1が50社，起亜のTier1が57社ある。現代モビス，万都，漢拏空調，星宇ハイテクなどの代表的な韓国自動車部品メーカーのほとんどが中国に進出した。2006年のインタビューによれば，中国における現代自動車グループの取引企業数はその時点で78社あり，うち56社は韓国系部品メーカーで現地調達先は22社あった[42]。

北京現代のみをみると，Tier1部品メーカーの数は60社あったが，そのうち47社が韓国系自動車部品メーカーであり全体の61％に達する（図表5-7を参照）。図表に示すように，北京現代の国産化率は2006年時点で70％に達する。韓国国内からCKDで調達する部品は30％を占める。車種によっては現地調達率にかなりの差があり，たとえば北京現代が生産する「ELANTRA悦動」の現地調達率は91％に達する[43]。現地調達は万都をはじめとする47社の韓国

図表5-7　北京現代自動車のTier1

区分		部品企業数	国産化率
中国国内調達	随伴進出	47	61％
	中国企業	13	9％
	合計	60	70％
韓国から輸入	CKD	−	30％

出典：広報資料とインタビュー（2006年2月24日）による。

系企業から調達しているが，中国地場メーカーからの調達はわずか9％に過ぎない。

2010年の現代モビスにおけるインタビューでは部品は現地調達が75％であり，韓国から25％を調達する[44]。現地調達分のうち9％が中国ローカル企業からの調達であり，残りの66％は随伴進出企業からの調達である。2006年のインタビュー時点でも中国ローカル企業からの調達は9％であり，4年間変わってないことである[45]。中国ローカル企業を発掘する希望はあったが，品質の問題でうまくいかないという[46]。コストの面からはメリットがあっても，車の安全にかかわる品質を考慮すると，やはり現地企業との取引は躊躇したという。現在中国ローカル企業から調達している9％は，インジェクション（Injection），プレス関連部品である。

FOURINの調査によれば，現代自動車グループは2007年7月，部品コストの30％削減を目指して，従来系列の韓国系サプライヤーより調達している基幹部品について，中国製部品を積極的に採用する「China Project」を策定した。2008年以降，系列外サプライヤーへの調達を拡大，現代モビスへの戦略調達部品品目を81種類から41種類に絞った。2009年の中国からの部品調達額は65億米ドルに上る[47]。

しかし，品質等の問題で系列外調達の拡大はそれほどの効果を見せていない。品質基準が厳しいことから，地場部品メーカーと取引を開始するまでには手続きと時間を要する。取引開始までのプロセスは，「見積もり評価→工程評価→工場視察→試作品の発注→試作品の韓国での検査と評価→取引先として承認」というプロセスをたどる。通常，正式に選定されるまでに4年ほどかかるという。2009年以降の中国市場は小型車シフトが進み，各国自動車・同部品メーカーは低価格車の開発に取り組み，中国での部品調達に積極的な姿勢を示している。たとえば，日系駆動系部品サプライヤーのジェイテクトは中国で，熱処理の鍛造と試作工程については現地系企業に委託する動きもある。現代自動車も系列外サプライヤー活用を拡大しようとし，現代モビスも原材料の現地調達に向けて素材のテスト施設を整備した[48]。2010年現在も，ローカル企業からの調達を拡大させるために，現地取引先の開拓を続けているが，コストメリットはあっても，品質の面で上海テストセンターと韓国の南陽技術研究所の

承認を得られなかった，ということである[49]。

　日系企業と比較してみると，日系のうち Tier1 の随伴進出は多いが，Tier2 の随伴進出は少ない。すなわち，Tier2 メーカーは海外に出たがらない。韓国では，Tier2 を随伴進出させるためには，一定期間における取引物量の保障，独占取引などの魅力的な条件で進出意欲を出させる。このような条件に乗って，Tier2 だけでなく Tier3 の進出も続々と増えることになったのである。HJ 社も万都の取引物量の保障条件にのって進出し，初期段階には万都だけに納品したが，進出後現代モビスにも納品を始めた。最低限の量の保障があれば，あるいは損益分岐点で理想と判断すれば進出を決めるという[50]。

　そして，現代モビスは単純な部品供給会社だけではない。現代自動車の前方関連の原材料と部品調達から後方関連の A/S 事業まで現代モビスが担っており，購買事業を統轄することで安定的な部品供給をする。そして上海モビスの試験センターを通して，これらの随伴進出部品メーカーの品質までコントロールしているのである。そういう意味では，現代モビスは今までに前例の乏しい企業である。中国進出先でも，現代モビスは Tier2 企業の育成だけでなく，中国地場企業の発掘育成の主力企業となり，品質向上，コスト削減に寄与している。

3．現代モビスによる収益コントロール

　自動車生産の場合，部品が製造コストの7割以上を占めており，自動車メーカーの部品調達政策次第で自動車部品メーカーの事業が大きく影響される。特に，技術力が優れた部品企業は完成車メーカーよりも収益性が高い場合があり，自動車メーカーと部品メーカー間の企業間関係を考察することによって，完成車メーカーの経営方針なども把握することができる。現代自動車グループにおいても，現代モビスの利益率は現代自動車本体の利益率よりはるかに高い[51]。

　中国完成車メーカーと外資メーカーの合弁の場合，ほとんど合弁先外資系企業が購買などをはじめとする経営の中枢を握っている。北京現代も例外ではない。北京現代内部の財務などの重要なポジションもすべて韓国側が握っている。そして，自動車部品の購買においては現代自動車の要求に合わせて，現代

モビスがその機能を果たしている。そのため北京現代で車を値引き販売した場合でも、現代自動車は現代モビスからの部品購買価格を引き下げず、現代モビスを通じて収益を獲得しているのである。

一方、北京汽車の場合は、国有企業であることから国有資産価値の極大化を追求してきた。だが、北京現代の車価格の値下げによる販売拡大の戦略で、利潤が大幅に下落し、資産価値の極大化の道は遠い。現代自動車の場合は、韓国の「財閥」企業であり、グループの系列企業、子会社の多くは親族によって所有、経営されている。すなわち、現代自動車グループは個人資産に属し、「家族と親族中心の所有」と「中央集権的」経営を特徴とするオーナー企業である。

現代モビスは韓国だけでなく進出先の中国においても、北京現代と東風悦達起亜の原材料調達と部品の供給、モジュールの供給を統轄している。原材料のうち、鉄鋼からボルト、ナット、電子部品まですべてにおいて、現代モビスが現代自動車を補完する役割をする。北京現代のコストの大部分は、現代モビスを経由とする自動車部品の調達費用である。つまり、北京現代が儲けた利潤の中から、現代モビスは多くの部分を持っていくのである。

2007年7月北京現代の車の販売不振で、北京汽車側と現代自動車側の利害対立は最も表に露出した。北京現代の自動車販売は2006年の第5位から2007年には第7位にランキングが落ち、乗用車分野では10位にも入れなかったのである。同業他社との値引き合戦で、北京現代の収益は大幅に減少したのである。進出当初は、北京現代の1台の車の利潤は数万元であったが、数度の値引き競争を経て、利潤が数千元程度にまで下がったのである。北京汽車側は、自動車部品調達コストを下げることを要求したが、北京現代の経営を握っている現代自動車はこの要望を受け入れなかった。2007年時点で現代モビスによる部品供給は北京現代調達の80%を占めていた[52]。このように、現代モビスはその中枢となるグループ内取引を通じて最大の利益を獲得しており、そのほかに、持ち分法による利益も大きい。

第2項　現代モビスの品質経営

1. 品質重視

以上みてきたように、現代モビスは現代自動車の前方関連の原材料と部品調

達から後方関連の A/S 事業まで担っており，購買事業を統轄することで安定的な部品供給を実現したのである。これらの機能に加えて，現代モビスのもう1つの重要な役割は品質管理である。すなわち，現代モビスではモジュール状態で品質をチェックし，北京現代では完成車状態で再度品質をチェックすることで，品質のダブルチェック機能を果たしており，これによって現代自動車は満足できる部品供給を受けるようになったのである。もちろん，現代モビスに納品される前に，現代モビスの Tier1（現代自動車からみれば Tier2）でも品質検査を行っている。そして，現代モビスの上海試験センターは，南陽技術研究所を補完して，完成車の品質保証に関する部品と原材料の主要テストも担っている。すなわち，原材料から部品，そしてモジュールまでの品質検査において，現代モビスは現代自動車の諸機能を補完しているのである。Tier2，Tier3の選定においても，現代モビスは現代自動車に代わって，Tier2 の品質を評価し「SQ Mark」認証を与えるという機能を果たしている。

　カナダ進出の失敗の経験から，鄭夢九は「安い車ではなく売れる車」を作るための品質経営を始めた。「6 シグマ制度」を導入し，TQC 運動を展開したのである。2002 年には「品質第一」の経営方針を打ち出した。現代と起亜共通のゲストエンジニアリング制度により，エンジニアを協力メーカーに派遣して部品設計など共同研究を支援している。月平均で 79 社に 361 名を派遣したという。そして，成果共有システムも導入したが，これは協力メーカーで生産する部品の設計仕様と生産工程のうち変更すべき部分，部品国産化の改善案などを現代自動車に提案し，現代自動車が協力部品メーカーと共同で検討し実効性を判断する制度である。Kim, Lee（2005）によれば，この制度により得られた原価低減及び部品国産化を通じて取得した成果を協力メーカーに 50％以上還元するという[53]。

　そして，インタビューでも現代モビスの経営者は強調したが，現代自動車グループは儲けるためにモジュール生産をするのではない。品質と効率化のためにモジュール生産を始めたのである[54]。すなわち，モジュール化導入の最大の理由は，彼らの言によれば開発力への期待ではなく，効率的かつ安定的な部品供給にあったという。つまり，部品設計期間の短縮による効率化，そして部品をモジュールという固まりで供給することで部品供給を効率化させることで

あった。モジュール化におけるブラックボックス化への対策として，品質管理における規格を一層厳しくしたり，設計段階からも工夫をしているという[55]。

2.「5スター」制度[56]

数万個に達する部品からなる自動車の品質競争力は，完成車メーカーだけの努力では限界がある。現代自動車グループは部品メーカーを育成し，技術競争力を確保するために部品メーカーを対象に独自の選定基準を作り，それにもとづいて評価を行っている。2001年に1次部品メーカーを対象に品質「5スター」制度を作り，品質，納品，技術力を評価・指導を行い始めた。すなわち，1次部品メーカーが納品する部品品質と技術力等を総合評価して，優秀なメーカーには「5スター」認証を授与した[57]。スターは品質，技術，生産性の3つの要因を考慮して評価及び付与する。品質評価項目には品質保証体系，技術開発力，生産準備能力，量産体制，財務，成長潜在力などが含まれる。評価の配点をみてみると，価格要因に2～3割程度，品質要因に4割，研究開発要因に3～4割という配分になっている。価格要因で低い点数を付与されても，品質でより高い点数を取得したら認証される可能性もあるという[58]。

この制度により部品メーカーと透明かつ公正な取引関係を構築すると同時に，部品メーカーに技術開発と品質向上の動機付けを行うことができる。同じ仕様でより品質が高く，より低廉に生産するメーカーほどスターが多く付与され，スターが多いほど高い評価が与えられたことを意味し，今後の取引に有利になる。図表5-8に示すように，4スターを獲得すれば，新規部品開発に参与できるが，3スターの場合は，制限的な開発参与が許可される。2スターの場合は，部品開発に参与できず，次第に淘汰される可能性がある。1スターの場合は，取引を拒否される。つまり現代自動車は3スター以上の部品メーカーだけと取引をするとのことである[59]。このほかに，2スター以下の企業に対して品質指導を行う場合は，指導費を請求するという。現代自動車は海外進出先でも，この制度を活用し部品メーカーを評価している[60]（図表5-8を参照）。

2001年以前は，購買本部の数人で部品メーカーの選定を行ってきた。しかし，品質「5スター」の登場により，審査チームは購買部門から5人，品質部門から1人，研究所から1人，監査室から1人と，計9人から構成された。購

図表5-8　現代自動車の5スター制度

項目		内容
納品代金	5スター	継続的取引に最も有利
	4スター	新規部品の開発に参加可能
	3スター	新規部品開発に制限的に参加
	2スター	開発参加不可能，整理対象
	1スター	取引中止
取引調整		3スター以上の企業のみと取引をする。

出典：2006年2月23日のインタビュー及びKim, Lee (2005), 184ページ。

買部では原価競争力が，品質部では部品品質が，研究所では技術力が審査される。監査室は，取引の透明性を追及する役割を果たす。これらの審査チームのメンバー構成員は固定さているのではなく，メンバーは常に変わるという[61]。

「5スター」は1年ごとに評価をし直すという制度であることから，たとえ，今年に5スターの評価を取得したとしても，努力を怠ると4スターに，さらには3スターにまでレベルが落ちることもある。3スター以下に落ちた場合は，次回の新車種開発には参加することがほとんどできなくなるので，部品メーカーの立場からみるとダメージが大きい。そして，この「5スター」制度は日産の品質評価制度とも似ている点をもっているが，相違点もある。現代自動車の「5スター」制度の場合，鄭夢九の「現場重視」という方針から出発したので，部品企業を評価する時も必ず生産現場で直接生産工程，ラインなどすべてをチェックしながら審査するという。部品メーカーが品質の面で一度でもミスを起こした場合は，現代自動車はそのメーカーとの取引を中止するなど厳しく対応している。しかし，部品メーカーにとって現代自動車への部品供給は魅力的であり，厳しい要求と課題を乗り越えようと努力を怠らないという[62]。

3．VAATZシステム[63]

現代モビスの購買部には一般購買と総合購買の2つの部署がある。一般購買では，道具，文具，作業服などの購買を担当する。総合購買では，自動車生産用の部品などの購買を担当する。2006年に現代自動車がVAATZ Chinaシス

テムを稼動させたが，中国では完璧に機能してはいない。現在は道具，文具など事務用品，作業服などはこのシステムにより購買する。現代モビスでは独自にSeptureシステムを通じてそのTier1，Tier2企業より原材料及び部品を調達する[64]。

　前述のとおりモジュール調達は，現代自動車の部品調達政策の基軸的な役割を担っている。現代自動車では現代モビス経由の独特な部品納入方式をとっているが，中国においても同様である。中国の進出先においても，北京現代と東風起亜はシャシーモジュール，コックピットモジュール，ブレーキモジュールなどを現代モビスに外注する。言い換えれば，北京現代モビスと江蘇モビスはそれぞれ，北京現代，東風悦達起亜と多くの自動車部品メーカーを結ぶ仲介企業の役割を果たしている。

　インタビューではVAATZシステムという単語が頻繁に出た。VAATZはValue Advanced Automotive Trade Zoneの略で，現代自動車グループのオンライン統合購買情報システムである。VAATZシステムはVAATZ EU，VAATZ CHINA，VAATZ KOREAなどが含まれるVAATZ ASIAとVAATZ USAから構成される。そのうちVAATZ CHINAは北京現代，東風悦達および現代自動車グループの中国進出に伴って進出した協力部品メーカーなどから構成される。VAATZは資材購買の透明性と効率性を向上させるために，資材の請求から代金支払にいたるまですべての購買過程をオンライン化したシステムである。R&D，資材，生産，品質，アフターサービスなど，完成車メーカーと部品メーカーが相互に共有すべきすべての情報をこのVAATZシステムを通じてリアルタイムで共有している[65]。自動車販売価格の引き下げと投入モデルの増加などに対応するため，現代と起亜自動車は，VAATZシステムによる共同購買で原価低減効果を達成した。部品の原価だけでなく購買管理コストの削減を狙ったものであると考えられる。

　部品調達の効率化と調達コストの削減を狙って現地調達率の引き上げも進めている。これまで品質面で不安視されていたブレーキ関連部品などの重要保安部品も品質が改善され現地調達が進んでいるが，それは外資系メーカーを中心に世界全体から最適の部品を調達する体制に中国を取り込む戦略を進めていることが，部品調達率拡大の背景にある。

第3項　現代自動車の強み

1．意思決定力

　インタビューに応じた経営者たちは以下のように強調している。現代自動車のスピード経営は，ただスピードを強調するものではない。決定を下すまでの段階では慎重で，決定後の実行段階では速いスピードで推し進める。財閥というオーナー企業ならではの強みである。鄭周永の弟鄭仁永の万都，ハンラグループも同じである。このような意思決定力が中国で「現代スピード」という奇跡を起こしたのである。すなわち，2002年2月に現代自動車は北京汽車に合弁に関する合意を伝え，5月には正式に契約を交わした。同年10月には合作法人を設立し，既存工場を現代式に改造した。2002年12月23日には「EF SONATA」を生産した。このように法人設立と生産設備構築を同時に進行させることによって不必要な費用と投資を低減できたという。

　現代自動車の経営戦略の強みとして，不況に直面しても投資を削減するのではなく，むしろ積極的にマーケットのシェアを拡大させていくことである。そしてこのような遂行力は，経営トップの意思決定能力を反映している。中国での第3工場の増設発表からも現代自動車の危機に対する攻めの経営戦略がうかがえる。

　HJ社におけるインタビューで，総経理は現代自動車グループの強みに対して以下のように指摘した。同グループが強い理由の1つには，中小型車を投入したことである。中小型車の場合，コストが低く，組立用の部品をスリム化，簡単化している。そして経営陣の意思決定と推進力にスピードがあることである。同グループの中国における初期生産能力は40万台ほどであったが，2008年時点で80万台に達し，2011年までに150万台までに増産する予定であるという。

　もう1つは韓国での基盤が強いことである。韓国国内市場における現代自動車のシェアは8割に達しており，4社寡占状態の中でも最も大きいシェアを確保しているのである。すなわち，内需が安定し，韓国国内では競争相手がいないと理解してもよい状況にある。日本の場合，競争が激しく，同一セグメントを複数企業で生産している。韓国では1社ほぼ独占でありこうした事態は生じ

ない。このような強みは，他の完成車メーカーには真似できないものである。そして，こういう優位状態で獲得した利益を技術開発に投じ，とりわけ現代モビスと海外展開に注ぎ込んでいるのである。これも現代自動車グループの戦略の一環である。

2．現地適応戦略

次は，新興国の潜在市場を攻める体制と，現地市場に適した製品を積極的に投入する経営戦略も現代自動車の強みの1つである。現代自動車のマーケティング戦略は巧みだと称されているが，確かに市場をにらんだ車種やモデルの選定は巧みで，トヨタをはじめとする他国企業を一頭地抜いている。たとえば中国品質協会で発表した「2009顧客満足度調査」では，現代自動車の「悦動」（中国型「AVANTE」）と「TUCSON」，起亜の「CERATO」，「PORTE」がそれぞれのセグメントで1位を占めた。

2005年4月15日，グループの中国事業を総括する持ち株会社である「現代車グループ（中国）有限公司」を設立した。同社は中国現地法人に対し統合支援し費用節減と経営効率向上を図るために，中国事業における人事，財務，マーケティングなどのサポートを担当する。中国における生産からアフターサービス及び部品，設備，販売，物流，金融サービス，研究開発まで統合運営をしている。この会社は中国に進出した自動車部品系列メーカーである現代モビス，現代HYSCO，INIスチール，WIAなどの21社の現地法人を基盤として金融からサービスなどの自動車関連事業の全般をカバーしている[66]。

そして2007年7月より前述の「Chinaプロジェクト」を策定した。部品品質管理と購買担当者から構成されて，その目的は購入部品の価格を30％下げることでコスト削減を達成し，中国内での競争力向上を図ることである。従来現代系列及び随伴進出した韓国系自動車部品メーカーより調達している基幹部品についても，中国製品を積極的に採用する方針に変更し，2008年以降から系列外サプライヤーへの調達を拡大することで現代モビスへの戦略調達部品品目を50％減らした。

2007年11月には，中国事業業務を統括する現代・起亜自動車中国事業本部を新設した。現代自動車の経営戦略の1つに，現代が中国進出する当初から華

第3節　現代モビスの機能と役割　　201

僑である薛栄興を最高責任者に任命したことがあげられる。前述したように，薛栄興は1945年8月ソウルで生まれた韓国3代目の華僑であり，原籍は山東省で北京現代の設立前から北京汽車及び中国政府との交渉役割という重任を担当した。2007年11月からは現代自動車は中国事業を統轄する現代起亜中国事業総轄本部を設置し，薛栄興を最高責任者に任命した。同人物を登用することで，「関係」が強い中国でコネをうまく活用するだけでなく，現地税制変動を把握し，現地市場変動に応じて臨機応変できるマーケティング戦略をとることができた。1年半という短期「現代スピード」で急成長したことは北京市政府と中国政府の全面的な協力と支援があったからこそである。

　現代自動車グループが北京汽車を選んだのは，北京という地理的なメリットと，現代自動車の意図と北京市及び中国の北京汽車グループの利害関係もあった。首都に工場を持つことが広報やインフラ側面から考えても有利だと判断したのである。2008年に北京現代の第2工場敷地内にR&D北京センターを立ち上げた。同センターで中国戦略車種の開発を行うことで，研究開発，生産，販売，A/Sすべてを現地化することができた。現代自動車グループの近年における製品戦略は乗用車からSUVまでフルラインアップした。そして北京第2工場で低価格の中国戦略車を投入した。

3．現代モビスの「機能と役割」について

　上述した強みは，いままでの先行研究でしばしば評価されてきた現代自動車の競争力の1つである。本書ではこれまでの分析を踏まえて，現代自動車グループの競争力として上述した2項目のほか，3つ目として現代モビスの機能と役割を加えたい。なぜならば，現代モビスを大型化かつ専門化した自動車部品メーカーに育てたのも，現代自動車の経営戦略の一貫であると考えられるからである。すなわち，他の自動車部品メーカーには見られない機能と役割を現代モビスはもっており，これがまた現代自動車の競争力の源泉であるというのが筆者の結論である。これまで検討した結果，現代モビスの機能と役割は，以下のように整理できる。

　1番目の機能は，現代モビスは，「基軸的Tier1」企業として現代自動車のモジュール開発・生産を支えている。現代自動車躍進の中で絶えず指摘されて

きたのがサプライヤーシステムの脆弱性であった。この点を短期間に克服するため現代精工を再編して作りだされてきたのが現代モビスであるが、それは同時に又現代自動車主導での基軸的 Tier1 企業の育成過程でもあった。現代モビスが積極的に進めたモジュール生産方式もある意味ではこうした現代モビス誕生過程が持っていた特殊性・制約性と無縁ではない。つまり現代モビスがモジュール生産を採用したのは、それが現代自動車のその時点での最良の選択肢だったということである。

　次は、現代自動車を取り巻く随伴企業群を本社に代わって指導・管理・統括している機能である。本書では、現代自動車の海外最大市場である中国に焦点をあてて、現代モビスが有する「基軸的 Tier1」機能の事実を検証すると同時に、工場現場でのサプライヤーシステムの展開にも焦点を当てた。その結果、現代モビスは、韓国系 Tier1 企業と韓国系・中国系 Tier2 のコントロールを代行する要の位置に現代モビスが存在すること、それによって QCD 機能の評価と改善、選択の総合的機能を現代モビスと現代自動車がダブルチェックできるシステムとなっていることが明らかになった。つまり、現代モビスとは、進出先中国で現代自動車のサプライヤーシステムを支えると同時に現代自動車の資金循環の要の役割を演じているのである。

　3つ目の機能は、企業間取引での価格調整や株式配当を通じて本社を代替して収益を蓄積することである。このことは、第4章で、北京現代の事例で明らかになったように、とりわけ、資金循環の関連で現代モビスが要の位置にあり、決定的役割を演じているのである。このことは、なぜ現代自動車が海外展開する際に、現代モビスを随伴進出せねばならないかの秘密を解き明かしたことにもなったのである。

　本社がやるべき主要機能をこれほど代替した Tier1 企業は、現代モビスをおいてほかにあるまい。筆者が、この点に着目し、これを現代の強さの秘密として現代モビスの「機能と役割」を強調するゆえんである。

注
1　2006年2月24日、BM社のC氏とK氏に対するインタビューと現代自動車ホームページによる。
2　2006年2月24日、BM社のC氏に対するインタビューによる。
3　随伴進出に至るまでの過程について、完成車メーカー及び複数の随伴進出部品メーカーに対して

注 203

インタビューを実施したが、その結果はほぼ一致した。
4 Kim, Oh, Lee (2008) による。
5 Kim, Oh (2009), 56ページ。
6 2010年2月25日, HMの元社員K氏に対するインタビューによる。
7 2008年12月HJ社, 2010年7月DY社, FS社におけるインタビューによる。
8 2010年7月, HJ社におけるインタビューによる。
9 同組合は、「韓国自動車工業協同組合」より名称変更した。
10 鄭・李 (2007) が韓国自動車工業協同組合のデータをもとに統計したものである。
11 小林 (2005), 168ページ。
12 うち約9割にあたる806社が中小企業であり、大企業は95社にすぎない。901社のうち、現代と取引している企業が364、起亜と取引している企業が373社, GM大字と取引している企業が322社ある (韓国自動車工業協同組合 (KAICA) ホームページ)。
13 鄭・李 (2007), 170ページ。
14 鄭・李 (2007), 157ページの調査結果による。
15 「変速機工場が山東に」『Gasgoo』2010年7月27日。
16 2009年9月10日に日照市人民政府で行ったインタビューと当時の配布資料から抽出した。インタビュー対象者はMou ShanXing副局長 (対外貿易経済合作局) である。
17 資料は日照経済開発区提供による。
18 青島経済技術開発区管理委員会の広報資料及び2013年8月のインタビューによる。
19 同開発区ホームページ及び同開発区韓国部K氏に対するインタビュー (2013年8月)。
20 韓国輸出入銀行 (2009)「海外投資統計情報—製造業種別」より集計した。
21 HANA金融研究所「中国自動車産業及び中国進出国内企業の成長性分析」『産業研究シリーズ』2009年5月31日。
22 同社ホームページによる。
23 韓国自動車工業協会 (2005)『韓国自動車産業50年史』, 20ページ。
24 北京現代 (2006年2月24日) と上海モビス (2006年3月7日) 2社でのインタビューによる。
25 このような取引構造を, 李 (2004) は「複合・単層的分業構造」とよんでいる。
26 対外経済政策研究院 (2007), 157ページの調査結果による。
27 本節はインタビューをベースにする事例研究である。インタビュー日時, 対象者詳細は巻末のインタビューリストと併せて参照されたい。
28 同社ホームページによる。
29 2010年7月16日, BMのJ氏に対するインタビューによる。
30 「BMWとGMにも部品を供給する」『現代・起亜グループニュースプラザ』2009年10月29日。
31 インタビューは, 2009年9月10日に行った。インタビュー対象者はA氏。
32 2009年9月, A氏に対するインタビューによる。
33 韓国自動車工業協同組合 (2009), 152ページ, 及び万都ホームページによる。
34 2008年12月と2010年7月, W社, FD社におけるインタビューによる
35 2008年12月と2010年7月, HJ社におけるインタビューによる。
36 2006年2月29日, DH社におけるインタビューによる。
37 2010年3月と7月16日, BM社K氏とJ氏に対するインタビューによる。
38 2008年12月, HJ社, PS社, DY社, DH社等に対するインタビューによる。
39 2006年2月, MD社のY氏に対するインタビューによる。
40 「現代自動車グループの物量　目標」『PRESSIAN』2010年8月16日。
41 2006年2月から3月にかけて実施したインタビューによる。

42 2010年2月,現代自動車訪問時の提供資料による。
43 2010年3月,BM社訪問時,K氏のプレゼンデータによる。
44 2010年7月,BM社のJ氏に対するインタビューによる。
45 2006年2月23日～25日に実施したインタビューによる。
46 2010年3月,BM社訪問時,K氏のプレゼンデータによる。
47 FOURIN『中国自動車調査月報』No. 167, 2010年2月,11ページ。
48 2010年3月,BM社訪問の際,K氏のプレゼンデータによる。
49 2010年7月,BM社J氏に対するインタビューによる。
50 損益分岐点とは企業の収益額と費用額とが一致する操業度の大きさをいう。つまり,それ以上になると利益が生じ,それ以下になると損失が生ずるような売上高または販売量である。
51 第2章でも触れたが,2009年データでみると,現代自動車の営業利益率が9%であるのに対し,現代モビスの利益率は15%である。
52 付(2008)による。
53 Kim, Lee (2005)による。しかし,我々の別の調査(小林,金(2012)によれば,別の見解もある。
54 2010年2月,BM社のJ氏に対するインタビューによる。
55 2010年2月25日,現代モビス元社員K氏に対するインタビューによる。
56 2006年2月23日,BM社のN氏に対するインタビューによる。「品質5スター」制度については,北京現代モビス汽車配件有限公司のN氏(総経理助理・部品支援部部長)が詳しく説明してくれた。
57 2004年からは,グリーン購買システムの構築のため,「品質5スター」に環境経営項目を追加し,部品品質とともに環境経営も部品メーカーを評価する基準の1つとして適用している。
58 Kim, Lee (2005), 185ページ。
59 2006年2月23日,BM社でK氏に対するインタビューによる。
60 2006年2月23日,BM社のN氏に対するインタビューによる。
61 Kim, Lee (2005), 184ページ。
62 2010年2月25日,現代モビス元社員K氏に対するインタビューによる。
63 2006年2月23日,BM社におけるインタビューによる。「品質5スター」制度については,北京現代モビス汽車配件有限公司のN氏及びK氏の詳細な説明による。
64 2010年7月16日,BM社でK氏に対するインタビューによる。
65 同社のホームページによる。
66 Kim, Lee (2005)と現代自動車『事業報告書』による。

終章

総　括

第1節　現代モビスの「機能と役割」

　本書では，他の自動車部品メーカーには見られない「機能と役割」を現代モビスがどのように作り上げてきたのか，その「発生の秘密」を探求することで，現代自動車の競争力の強さを浮き彫りにしようと試みた。

　これまで検討した結果，現代モビスは，「基軸的Tier1企業」として現代自動車のモジュール開発・生産を支え，現代自動車を取り巻く随伴企業群を本社に代わって指導・管理・統括し，さらには企業間取引での価格調整や株式配当を通じて本社を代替して収益を蓄積するという「機能と役割」を作動させていたのである。本社がやるべき主要機能をこれほど代替したTier1企業は，現代モビスをおいてほかにあるまい。筆者が，この点に着目し，これを現代の強さの秘密として「機能と役割」を強調するゆえんである。

　現代モビスの本来の事業内容はモジュール化ではなかったのである。当初は，現代自動車の統廃合過程を経て，A/S用部品事業部門に加えて，部品生産，モジュール化の役割が与えられていったのである。現代モビスの元役員の言葉を借りれば，モジュール化導入の最大の理由は，開発力への期待ではなく，効率的かつ安定的な部品供給にあったという。つまり，部品設計期間の短縮による効率化，そして部品をモジュールという塊で供給することで部品供給を効率化させることだった。そして，いまひとつは既存の1次部品メーカーを2次メーカーに引き下げて，それらを現代モビスの傘下に組み込むことで，マージンを得ることにあったのである。それが試行錯誤を通じて，現代を支える「機能と役割」の諸要素を身につけることとなったのである。

　鄭夢九は，現代自動車を現代グループから分離させた当初からデルファイ，デンソーを目標にグローバル自動車部品メーカーへの道を意識し，模索した。

つまり，鄭夢九は，現代モビスを大型化し，グローバル化させることを目指したのである。そしてたしかに現代モビスは，統廃合過程を経て，鄭夢九が期待したように大型化し，グローバル化したことは事実である。同時に，この過程で現代モビスは，上記の「機能と役割」を具備していったのである。

現代・起亜が中国展開をした際には，現代モビスが随伴進出したが，それが北京現代の国際競争力にプラスに影響したのである。また進出先における現代モビスの「機能と役割」が他の追随を許さず，また模倣も許さない，現代独自の競争力を作り出している。中国での現代・起亜の成功の鍵の1つはこうした「機能と役割」をもつ現代モビスとその傘下の部品メーカーの随伴進出があったからこそ可能になった。したがって，現代自動車と現代モビスの関係は，世界的にも類例を見ないものである。ここに他の自動車メーカーにない現代自動車グループの強さの秘密があるのである。

第2節　研究意義

本研究は，現代・起亜と現代モビスの中国展開を基に現代自動車グループの国際競争力の内実を分析した。とりわけ，現代モビスの「機能と役割」に焦点を当てて分析を試みた点に本研究の1つの特徴があったといってよい。現代モビスは，韓国を代表する部品メーカーであると同時に，世界的にみてもこうした強力なモジュール生産を統合する一元的 Tier1 組織は数少ない。本研究は，こうしたユニークでしかも韓国自動車産業のグローバル化を支え，かつ現代自動車の国際競争力を支える企業に分析のメスを入れたのである。

本研究を進めるにあたって，中国市場における韓国系自動車・同部品企業情報の入手に非常に苦労した。部品取引構造を把握するためには，現場でのインタビューに頼る以外に方法がなかった。完成車メーカーの部品調達方針も環境変化に合わせた変化に迫られているため，各企業に対するインタビュー調査結果の蓄積が不可欠であった。先行研究はおろか統計データも十分に整備されていない条件下で，筆者は中国進出韓国系自動車・同部品企業へのインタビュー調査を繰り返し実施した。中国進出韓国系自動車全般をカバーできるような，すべてのメーカーの調査にもとづいた結果ではないが，中国進出最大の韓国系

メーカーという事例研究としては，有意義な考察となったと考えられる。そして本研究におけるもう1つの特徴は，今まで軽視されてきた中国進出の自動車部品企業にまで着目したことである。大手1次部品メーカーだけでなく，その基底でコスト削減を支えている中小自動車部品メーカーにも目を向けた。その実態研究は自動車部品企業の研究に貴重な資料を提供できると考えられる。

　日系企業が得意とする自動車産業で現代自動車に代表される韓国企業がキャッチアップしているなか，韓国企業の競争力を明らかにしたことでは，同分野における共同研究をより一層発展させると考えられる。日韓の自動車メーカーが世界の自動車産業の成長をリードしていく今日，日韓両国の企業連携による相互補完の関係を構築していく必要性が高まっている。本研究はその方向性を視野に入れた先駆的研究であり，この領域の研究に多大な示唆を与えられると考えられる。

参考文献

日本語文献

浅沼萬里（1997）『日本の企業組織：革新的適応のメカニズム』東洋経済新報社
池田正孝（1999）「日本の自動車と自動車部品産業」『JAMAGAZINE』1999 年 8 月号
池田正孝（2004）「欧州におけるモジュール化の新しい動き」『豊橋創造大学紀要』No. 8, 19 ページ
青木昌彦・安藤晴彦（2002）『モジュール化―新しい産業アーキテクチャの本質』東洋経済新報社
GP 企画センター編（1998）『グランプリ自動車用語辞典』㈱グランプリ出版
O. E. ウィリアムソン著，浅沼萬里訳（1980）『市場と企業組織』日本評論社
加藤健彦・窪田光純（1989）『韓国自動車産業のすべて』日本経済通信社
上山邦雄（2009）『巨大化する中国自動車産業：調整期突入』日刊自動車新聞社出版
加茂紀子子（2006）「東アジアと日本の自動車産業」唯学書房
金英善（2009）「中国における現代自動車グループの部品取引構造」早稲田大学アジア太平洋研究科『アジア太平洋論集』No. 18, 75-92 ページ
金正一（2005）「IMF 経済危機後の韓国自動車部品産業の再編」『季刊経済研究』Vol. 27, 121-160 ページ
金奉吉（2000）『日・韓自動車産業の国際競争力と下請分業システム』神戸大学経済 経営研究所
金奉吉（2005）「自動車産業の競争パラダイムの変化と韓国自動車産業」環日本海経済研究所『現代韓国経済』日本評論社
クレイトン・クリステンセン著，玉田俊平太監修，伊豆原弓訳（2001）『イノベーションのジレンマ―技術革新が巨大企業を滅ぼすとき』翔泳社
具承桓（2008）『製品アーキテクチャのダイナミズム：モジュール化・知識統合・企業間連携』ミネルヴァ書房出版
高基永・橋本寿朗（1998）「韓国自動車工業におけるサプライヤー・システムの形成と展開」東京大学社会科学研究所『社会科学研究』49（4）, 1-71 ページ
小林英夫（2004a）『日本の自動車・部品産業と中国戦略―勝ち組を目指すシナリオ』工業調査会
小林英夫（2004b）「アジア通貨危機後の韓国自動車・同部品産業の再編成過程―モジュール化・中国進出・空洞化・国際競争力の秘密」早稲田大学アジア太平洋研究センター『アジア太平洋討究』No. 6, 1-17 ページ
小林英夫・大野陽男（2005）『グローバル変革に向けた日本の自動車部品産業』工業調査会
小林英夫・大野陽男・金英善（2010）『日韓自動車産業の中国展開』国際文献印刷所
小林英夫編著（2010）『トヨタ VS 現代』ユナイテッド・ブックス
小林英夫・金英善（2012）『現代がトヨタを越えるとき』筑摩書房
小林英夫・金英善（2015）『世界自動車・部品企業の新興国市場展開の実情と特徴』柘植書房新社
呉在烜（2007）「韓国自動車ものづくりと組織能力」藤本隆宏・東京大学 21 世紀 COE ものづくり経営研究『ものづくり経営学―製造業を超える生産思想』光文社
下川浩一（2009）『自動車ビジネスに未来はあるか？』宝島新書

下川浩一（2009）『自動車産業危機と再生の構造』中央公論新社
趙亨済（Jo Hyungje）著，金英善訳（2009）「モジュール化による部品供給システムの変化」早稲田大学日本自動車部品産業研究所『日本自動車部品産業研究所紀要』3号，27-43ページ（조형제（2005）「모듈화에 의한 부품공급시스템의 변화」『한국적 생산방식은 가능한가?-Hyundaism 의 가능성 모색』한울）
武石彰・藤本隆宏・具承桓（2001）「自動車産業におけるモジュール化―製品・生産・調達システムの複合ヒエラルキー」藤本隆宏・武石彰・青島矢一編『ビジネス・アーキテクチャ』有斐閣
塚本潔（2002）『韓国企業モノづくりの衝撃』光文社新書
日本経済新聞社（2009）『自動車新世紀・勝者の条件』日本経済新聞出版社
FOURIN（2005）『中国進出世界部品メーカー総覧』FOURIN
FOURIN（2007）『中国自動車部品産業2007』FOURIN
FOURIN（2008）『中国自動車産業2008』FOURIN
FOURIN（2009）『韓国自動車・部品産業2009』FOURIN
FOURIN（2009）『中国自動車部品産業2009』FOURIN
FOURIN（各年）『中国自動車調査月報』FOURIN
FOURIN（各年）『アジア自動車調査月報』FOURIN
FOURIN（各年）『世界自動車調査月報』FOURIN
FOURIN（2008）『世界自動車メーカー年鑑2008』FOURIN
藤樹邦彦（2002）『変わる自動車部品取引』エコノミスト社
藤本隆宏・青島矢一・武石彰編（2001）『ビジネスアーキテクチャ』有斐閣出版
藤本隆宏（2003）『能力構築競争　日本の自動車産業はなぜ強いのか』中公新書
藤本隆宏（2004）『日本のもの造り哲学』日本経済新聞社
藤本隆宏（2005）『生産システムの進化論』有斐閣
藤本隆宏・新宅純二郎編著（2005）『中国製造業のアーキテクチャ分析』東洋経済新報社出版
藤原貞雄・佐間紘一（2003）『東アジアの生産ネットワーク』ミネルヴァ書房
牧野克彦著（2008）『自動車の現在・未来―巨大台風の来襲』Hon'sペンギン出版
丸川知雄（2004）『グローバル競争時代の中国自動車産業』蒼蒼社
丸川知雄（2007）『現代中国の産業』中央公論新社
丸山恵也（1994）『アジアの自動車産業』亜紀書房
森久男（2006）『東アジア自動車産業のグローバル展開―日本・中国・韓国三国の自動車産業の国際比較』愛知大学中部地方産業研究所
吉川智教・李晁虎（2004）「リーン生産システムの韓国への移転―日韓自動車部品工場の事例研究に基づいて」『国際経営・システム科学研究』No. 35, 31-46ページ
李泰王（2000）「韓国自動車部品産業における複合・単層的分業関係の構造―90年代前半期の現代自動車の部品取引」『愛知大学国際問題研究所紀要』114号，81-110ページ
李泰王（2004）『ヒュンダイ・システム―韓国自動車産業のグローバル化』㈱中央経済社
劉仁傑（2004）「韓台自動車産業のモジュール化の特性について―日米欧の先発企業との比較観点から」日本経営学会誌，第12号，45-61ページ
山崎修嗣編（2010）『中国・日本の自動車産業サプライヤー・システム』法律文化社

英語文献

Bain, J. S. (1959), *Industrial Organization*, New York: John Wiley.（宮澤健一監訳（1997）『産業組織論』丸善）

Clarke, Roger (1985), *Industrial Economics*, Oxford: Basil Blackwell. (福宮賢一訳 (1989)『現代産業組織論』㈱多賀出版)
Hirschman, Albert O. (1958), *The Strategy of Economic Development*, USA: Yale University Press. (小島清監修 (1961)『経済発展の戦略』巌松堂)
Kim, Hyun Chul (2007), "Some Distinctive Features and the Future of Chinese Auto Industry," *Sustainable Innovation and Global Productivity*, Korea Productivity Association
J. D Power and Data (2004), IQS (Initial Quality Survey), May
Lee, B. -H. and Jo, H. -J. (2007), "The mutation of the Toyota Production System: adapting the TPS at Hyundai Motor Company," *International Journal of Production Research*, Vol. 45, No. 16, 15 August, pp. 3665-3679

中国語文献

AlixPartners (2010)『2010年中國汽車行業展望』
北京西实谊汽车图书有限公司 (2005)『中国汽车零部件产业动态2005』
陈清泰・刘世锦・冯飞 (2004)『迎接中国汽车社会―前景・问题・政策』中国发展出版社
付辉 (2008)『汽车的底牌―现代汽车的中国阴谋』中信出版社
国家信息中心中国经济信息网 (2005)『CEI 中国行业发展报告2004―汽车制造业』中国经济出版社
刘力钢 (2008)『中国汽车制造业企业发展战略』经济管理出版社
罗辉道 (2005)『企业资源、战略集团对企业业绩的影响』浙江大学出版社
日照市対外貿易経済合作局 (2009)「日照市激励外商投資優遇政策」
日照市対外貿易経済合作局 (2009)「日照市重点対外招商推介項目」
上海汽車工業(集団)総公司董事会戦略委員会課題組 (2005)『中国汽車工業発展研究』上海科学技術出版社
万瑞咨询 (2006)『2005-2006年中国汽车零部件行业分析及投资咨询报告』上中下
威亜汽車発動機(山東)有限公司概要
吴垠 (2005)「关于中国居民分群范式 (China-vals) 的研究」『南开管理评论』Vol. 8, No. 2, pp. 9-15
现代高新电子(天津)有限公司 (2006)『HYUNDAI AUTONET 天津法人业务报告』
塩城市開発区経済発展局 (2009)「塩城経済開発区記者産業発展状況報告」
塩城経済開発区 (2009)「投資ガイド」
中国汽車技術研究中心・中国汽車工業協会 (各年)『中国自動車工業年鑑』中国汽車工業研究中心出版

韓国語文献

강혜선(Kang Hyesun)・이재혁(Rhee Jay Hyuk)「현대모비스의 새로운 선택―모듈화 전략(Hyundai モビス' New Choice: Modualization Strategy)」『経営教育研究』Vol. 11, No. 2, pp. 29-51
기아자동차(起亜自動車)(各年)『사업보고서(事業報告書)』
기아자동차(起亜自動車)(各年)『영업보고서(営業報告書)』
기아자동차(起亜自動車)(各年)『감사보고서(監査報告書)』
김경태(Kim Kyungtae)・오중산(Oh Joongsan) (2009)「구매업체로부터 유래되는 공급사슬위험 관리: 북경에 진출한 한국자동차 부품업체들을 중심으로 한 탐색적 사례연구 (Management of Supply Chain Risk Originated from Buying Firms: an Exploratory Case Study of Korean Automotive Subsidiaries in Beijing)」한국국제경영관리학회 (韓国国際経営管理学会)『国際経

영리뷰（国際経営リビュー）』Vol. 13, No. 3, pp. 47-74
김성홍 (Kim Sunghong)・이상민 (Lee Sangmin) (2005)『정몽구의 도전（鄭夢九の挑戦）』고즈윈 (God's Win)
김현철 (Kim Hyunchul) (2008)『중국 자동차시장 연구（中国自動車市場研究）』선인 (Sunin)
김현철 (Kim Hyunchul)・김형준 (Kim Hyoungjoon) (2007)「중국소비자의 라이프스타일과 한국산자동차의 경쟁력（中国消費者のライフスタイルと韓国産自動車の競争力）」한국자동차산업학회 2007년 춘계학술대회자료（韓国自動車産業学会 2007年春季学術大会資料）『한국 자동차산업의 글로벌경쟁력 강화（韓国自動車産業のグローバル競争力の強化）』
공정거래위원회（公正取引委員会）(2009)『공정거래백서 2009（公正取引白書 2009）』
덕양산업（德陽産業）（各年）『사업보고서（事業報告書）』
박재찬 (Park Jaechan)・조동성 (Cho Dongsung) (2010)「현대자동차의 중국 자동차 시장 진출：북경현대기차를 중심으로（現代自動車の中国自動車市場進出—北京現代汽車を中心に）」『전문경영인연구（專門経営人研究）』Vol. 13, No. 1, pp. 21-42
복득규 (Bok Deukkyu) (2002)「한국자동차산업의 부품거래구조 변화：외환위기 전후를 중심으로（韓国自動車産業の部品取引構造の変化：通貨危機前後を中心に）」『자동차경제（自動車経済）』No. 307
안병하 (Ahn Byungha) (2007)『자동차산업 이야기（自動車産業物語）』골든벨 (GoldenBell)
이승규 (Rhee Seungkyu)・오중산 (Oh Joongsan)・김경태 (Kim Kyungtae) (2008a)「동반진출 공급업체의 공급사슬진화에 대한 탐색적 사례연구 (Exploratory Case Study of the Supply Chain Evolution of Joint Overseas Expansion Suppliers)」한국생산관리학회（韓国生産管理学会）『한국생산관리학회지（韓国生産管理学会誌）』Vol. 19, No. 2, pp. 51-88
이승규 (Rhee Seungkyu)・오중산 (Oh Joongsan)・김경태 (Kim Kyungtae) (2008b)「중국 시장에서의 동풍열달기아 (DYK)의 위기와 도전 (Risks and Challenges of Dongfeng Yueda Kia Motors Corporation (DYK) in the Chinese Market)」한국국제경영학회（韓国国際経営学会）『국제경영연구（国際経営研究）』Vol. 19, pp. 27-53
이장로 (Lee Jangrho)・이재혁 (Rhee Jayhyuk)・이춘수 (Lee Chunsu) (2006)「북경현대자동차 (BHMC)의 생산・구매에 관한 사례연구 (A Case Study on Beijing-Hyundai Motor Company's Productions and Sourcing Strategy)」한국국제경영관리학회（韓国国際経営管理学会）『국제경영리뷰（国際経営リビュー）』Vol. 10, No. 3, pp. 49-74
이장로 (Lee Jangrho) (2007)『현대・기아자동차 중국 마케팅 사례（現代・起亜自動車中国マーケティング事例）』무역경영사（貿易経営社）
임기택 (Lim Kitaek) (2003)『중국 자동차 산업의 현황과 미래（中国自動車産業の現況と未来）』화서당（華書堂）
전국금속산업노동조합연맹（全国金属産業労働組合連盟）(2006)『현대자동차의 모듈 생산방식—아산공장 사례를 중심으로（現代自動車のモジュール生産方式—牙山工場事例を中心に）』
정명기 (Chung Myeongkee) (2004)「모듈생산에 따른 생산방식 변화에 관한 연구：현대자동차 아산공장을 중심으로（モジュール生産による生産方式の変化に関する研究：現代自動車牙山工場を中心に）」산업노동연구（産業労働研究）『산업노동연구（産業労働研究）』Vol. 10, No. 1, pp. 223-247
정명기 (Chung Myeongkee) (2007)「모듈생산에 따른 생산방식 변화에 관한 연구：현대자동차 아산공장을 중심으로（モジュール生産による生産方式の変化に関する研究：現代自動車牙山工場を中心に）」한독경상학회(Korean-German Academy of Economics and Management)『경상논총』Vol. 25, No. 3, 9月, pp. 35-54
정성춘（鄭成春）・이형근（李炯根）(2007)『한 일 기업의 동아시아 생산네트워크 비교연구（韓日

企業の東アジア生産ネットワーク比較研究)』対外経済政策研究院(KIEP, 対外経済政策研究院)
정승국(Jung Sunggug)・조형제(Jo Hyoungje)・이상학(Lee Sanghak)・김안국(Kim Ahnkook)(2008)『숙련형성과 임금체계: 폴크스바겐, 도요타, 현대자동차의 비교연구(熟練形成と賃金体系:VW, Toyota, Hyundaiの比較)』한국직업능력개발원(韓国職業能力開発院)
조현대(Cho HyunDae)・정성철(Jung Sungchul)(2001)『산업 기업 구조조정과 연구개발 변화: 외환위기 이후를 중심으로(産業, 企業の構造調整と研究開発の変化:通貨危機以降を中心に)』과학기술정책연구원(科学技術政策研究院)
조형제(趙亨済, Jo Hyoungje)(1992)『한국자동차 산업의 생산방식에 관한 연구(韓国自動車産業の生産方式に関する研究)』서울대학사회학과박사학위논문(ソウル大学社会学科博士学位論文)
조형제(趙亨済, Jo Hyoungje)(2005)『한국적 생산방식은 가능한가?—Hyundaism의 가능성 모색(韓国的生産方式は可能か—Hyundaismの可能性模索)』한울(hanul)
조형제(趙亨済, Jo Hyoungje)(2006)「자동차부품업체의 연구개발 입지 변화(自動車部品メーカーの研究開発立地変化)」『한국사회학(韓国社会学)』Vol. 40, No. 5, pp. 207-232
조성재(Jo Seongjae)・이병훈(Lee Byeonghun)・홍장표(Hong Jangpyo)・임상훈(Lim Sanghoon)・김용현(Kim Yonghyeon)(2004)『자동차산업의 도급구조와 고용관계의 계층성(自動車産業の分業構造と雇用関係の階層性)』한국노동연구원(韓国労働研究院)
조철(Cho Chul)(2002)『네트워크체제의 진전과 부품조달체제의 변화: 자동차부품조달체제를 중심으로(ネットワークの進展と部品調達体制の変化:自動車部品調達体制を中心に)』한국산업연구원(韓国産業研究院)
주무현(Joo Moohyeon)・정승국(Jung Sunggug)(2007)『자동차산업의 혁신적 참여적 작업조직 모색(自動車産業の革新的参与作業組織の模索)』한국노동연구원(韓国労働研究院)
한신정평가(Nicerating)(2010)「현대기아자동차그룹의 역량은 강화되고 있는가(現代起亜自動車グループの力は強化されているのか)」『Nicerating Special Report』3月, pp. 15-28
최병헌(Choi Byunghun)(2007)『중국 자동차 산업의 미래—다국적기업의 전략변화전망(中国自動車産業の未来—多国籍企業の戦略変化における展望)』한국학술정보(주)(韓国学術情報㈱)
한국자동차공업협동조합(韓国自動車工業協同組合)(2007)『2007 자동차산업편람(2007 自動車産業便覧)』
한국자동차공업협동조합(韓国自動車工業協同組合)(2009)『2009 자동차산업편람(2009 自動車産業便覧)』
한국자동차공업협회(韓国自動車工業協会)(2005)『한국 자동차산업 50년사(韓国自動車産業 50年史)』
한국자동차공업협회(韓国自動車工業協会)(2005)『2005 한국의 자동차산업(2005 韓国の自動車産業)』
한국자동차공업협회(韓国自動車工業協会)(2007)『2007 한국의 자동차산업(2007 韓国の自動車産業)』
한국자동차공업협회(韓国自動車工業協会)(2009)『2009 한국의 자동차산업(2009 韓国の自動車産業)』
한국자동차산업연구소(韓国自動車産業研究所)(2008)『2008 자동차산업(2008 自動車産業)』
한국자동차산업연구소(韓国自動車産業研究所)(2009)『2009 자동차산업(2009 自動車産業)』
한국자동차산업연구소(韓国自動車産業研究所)(2010)『2010 자동차산업(2010 自動車産業)』
한화리서치센터(HANWHA リサーチセンター)(2009)『산업분석 자동차산업(産業分析 自動車産業)』
한국수출입은행(韓国輸出入銀行)(各年)「해외투자통계—제조업종별(海外投資統計—製造業種別)」
현대오토넷 중국 본부(現代 AUTONET 中国本部)(2006)「중국자동차산업 및 시장동향(中国自動車産業及び市場動向)」『한국자동차공학회 Workshop(韓国自動車工学会ワークショップ)』, pp. 5-26
현대자동차(現代自動車)(1997)『도전 30년 비전 21 세기—현대자동차 30년사(挑戦 30年, ビジョン 21 世紀—現代自動車 30 年史)』
현대자동차(現代自動車)(各年)『사업보고서(事業報告書)』

현대자동차（現代自動車）（各年）『영업보고서（営業報告書）』
현대자동차（現代自動車）（各年）『감사보고서（監査報告書）』
현대자동차 품질관리본부（現代自動車品質管理本部）（2006）『현대기아차 품질경영활동 소개서（現代起亜車品質経営活動紹介書）』내부자료（内部資料）
현대모비스（現代モビス）（2007）『현대모비스 30년사（現代モビス 30年史)』
현대모비스（現代モビス）（各年）『사업보고서（事業報告書）』
현대모비스（現代モビス）（各年）『영업보고서（営業報告書）』
현대모비스（現代モビス）（各年）『감사보고서（監査報告書）』
현영석（Hyun Youngsuk）（2004）「세계자동차산업 동태적 생존삼각형 모형（世界自動車産業の動態的生存三角形モデル）」한국생산관리학회（韓国生産管理学会）『한국생산관리학회 춘계발표논문집』（韓国生産管理学会春季発表論文集）
현영석（Hyun Youngsuk）（2006）『자동차산업 신제품개발 과정 및 성과 분석：싼타페（自動車産業の新製品開発過程と成果分析：SANTAFE)』한국생산관리학회（韓国生産管理学会）Vol. 16, No. 3, pp. 97-123
현영석（Hyun Youngsuk）（2008）『현대자동차의 품질승리（The Quality Triumph of Hyundai Motor)』한국생산관리학회지（韓国生産管理学会誌）Vol. 19, No. 1, pp. 126-151
홍장표（洪長杓）（1993）『한국에서의 하청계열화에 관한 연구（韓国における下請系列化に関する研究)』서울대학교 경제학 박사학위 논문（ソウル大学経済学博士学位論文）

参照 URL

韓国機関

学術研究情報（RISS）：http://www.riss.kr/
韓国学術情報：http://www.kstudy.com/
韓国金融研究院：http://www.kif.re.kr/
韓国産業研究院：http://www.kiet.go.kr/
韓国自動車工業協会：http://www.kama.or.kr/
韓国自動車工業協同組合：http://www.kaica.or.kr/
韓国自動車産業研究所：http://kari.hyundai.com/
韓国自動車部品研究院：http://www.katech.re.kr/
韓国自動車部品産業振興財団：http://www.kapkorea.org
韓国信用情報（Nice rating）：http://www.nicerating.com/
韓国全国経済連合会：http://www.fki.or.kr/Main.aspx
韓国対外経済政策研究院：http://www.kiep.go.kr
韓国輸出入銀行：http://www.koreaexim.go.kr/kr2/index.jsp
サムスン経済研究所：http://www.seri.org/
Hana Institute of Finance：http://www.hanaif.re.kr/

中国機関

中国産業研究報告網：http://www.chinairr.org/
中国汽車技術研究中心：http://www.catarc.ac.cn/
中国汽車工業協会：http://www.caam.org.cn
中国汽車工業協会統計情報網：http://www.auto-stats.org.cn/
全国汽車標準化技術委員会：http://www.catarc.org.cn
中国政府網：http://www.gov.cn/
中国研究報告網：http://www.baogao.net/
中国知識財産権局：http://www.sipo.gov.cn/

完成車メーカー

起亜自動車：http://www.kia.co.kr/
現代自動車：http://www.hyundai.com/
現代起亜 NEWS プラザ：http://news.hyundai-kiamotors.com/
双龍自動車：http://www.smotor.com/
大宇自動車：http://www.gmdaewoo.co.kr

東風悦達起亜：http://www.dyk.com.cn
トヨタ自動車：http://www.toyota.co.jp
北京現代：http://www.beijing-hyundai.com.cn/
日産自動車：http://www.nissan.co.jp/
ホンダ自動車：http://www.honda.co.jp/
三菱自動車：http://www.mitsubishi-motors.co.jp/
ルノー三星自動車：http://www.renaultsamsungm.com/
BMW：http://www.bmw.co.jp

部品メーカー

現代製鉄：http://www.hyundai-steel.com/
現代 Dymos：http://www.dymos.co.kr/
現代 Kefico：http://www.kefico.co.kr/
現代 Hysco：http://www.hysco.com/
現代モビス：http://www.モビス.co.kr/
現代モビス中国法人：http://www.モビス.com.cn/
現代 POWERTECH：http://www.powertech.co.kr/
現代 WIA：http://www.hyundai-wia.com
徳洋産業：http://www.duckyang.co.kr
漢拏空調：https://www.hcc.co.kr/
北京海纳川汽车部件股份有限公司：http://www.bhap.com.cn/
ボッシュ：http://www.bosch.co.jp
万都：http://www.mando.com/
BNG スチール：http://www.bngsteel.com/
HWASHIN：http://www.hwashin.co.kr/korean/info/ceo.html
HWASEUNG R&A：http://www.hsrna.com/
KYUNGSHIN：http://www.kyungshin.co.kr/
LG 化学：http://www.lgchem.co.kr/
NEC：http://www.nec.co.jp

新聞社，その他

亜細亜経済新聞：http://www.asiae.co.kr/
韓国経済新聞：http://www.hankyung.com/
サーチナ：http://searchina.ne.jp/
新華網：http://www.xinhua.jp
人民網日本語版：http://j.people.com.cn/
ダイヤモンドオンライン：http://diamond.jp/
中央日報：http://www.joins.com/
中国汽車工業信息網：http://www.autoinfo.gov.cn
中国汽車網：http://www.chinacars.com
中国汽車新網：http://www.qiche.com.cn
中国経済網：http://www.ce.cn/

参照 URL

中国産業研究報告網：http://www.chinairr.org/
中国網：http://www.china.com.cn
中国網日本語版：http://japanese.china.org.cn/
朝鮮日報：http://www.chosunonline.com/
東亜日報：http://www.donga.com/
日経 BP ネット：http://www.nikkeibp.co.jp/
日経ビジネスオンライン：http://business.nikkeibp.co.jp/
21 世紀網：http://www.21cbh.com/
ブルームバーグ：http://www.bloomberg.co.jp/
毎経エコノミー：http://economy.mk.co.kr/
レスポンス：http://response.jp/
ロイター通信：http://jp.reuters.com/
Global Auto Source：http://www.gasgoo.com/
Global Auto Source China：http://cn.gasgoo.com/
Herald 経済新聞：http://biz.heraldm.com/
J. D Power：www.jdpower.com
Kyunghyang Shinmun（Weekly 傾向）：http://weekly.khan.co.kr/
NNA.ASIA 情報：http://nna.jp/
PRESSIAN：http://www.pressian.com/

インタビュー調査リスト

2005年5月～6月	現代，ルノー三星，蔚山，釜山，大田地域の部品メーカー
2006年2月22日～24日	現代自動車中国拠点及びそのTier1, Tier2（北京）
2006年2月27日～3月3日	天津地域の韓国系Tier1, Tier2
2006年3月6日～8日	起亜中国法人及びそのTier1, Tier2
2006年7月	天津地域の韓国系Tier1, Tier2
2008年12月24日～31日	花都汽車城，日信，泰李，日産，中山新力，現代のTier1, Tier2, Tier3企業
2009年2月9日～13日	釜山テクノセンター，蔚山テクノセンター，現代蔚山工場，現代本社，ルノー三星，韓国自動車工業協同組合（KAICA）
2009年8月3日～6日	KAICA，現代自動車元社員インタビュー
2009年8月9日～16日	BYD，万向，吉利，奇瑞，一汽乗用車，一汽鋳造，一汽光洋他
2009年9月9日～16日	五徴集団，宝雅，WIA，時風集団，起亜とそのTier1, Tier2, Tier3企業
2010年2月24日～27日	ルノー三星，現代，韓国自動車工業協同組合（KAICA），漢拏空調本社
2010年3月24日～27日	天津地域の韓国系Tier1, Tier2, Tier3企業，デンソー，アイシン精機
2010年4月27日～30日	北京現代及びそのTier1, Tier2, Tier3企業，トヨタ，デンソー，アイシン精機，山陽
2010年5月3日～4日	現代牙山工場
2010年5月23日～29日	デトロイトの自動車産業調査（トヨタ，日産，CK）
2010年7月13日～16日	天津北京地域の現代及びトヨタのTier1, Tier2, Tier3企業

※インタビュー対象企業のうち，一部の韓国企業とりわけTier2, Tier3の企業は企業名を非公開することを求め，ここではそれらの企業名と対象者の個人情報を省略する。なお，2011年以降の調査は同リストに含まれていない。

あとがき

　まえがきで触れたように，本書は2010年に早稲田大学大学院アジア太平洋研究科に提出した博士学位申請論文（『現代自動車グループの中国展開―現代MOBISを中心に』）をまとめたものである。

　ここでは日本における私の研究生活を振り返るとともに，紆余曲折だらけの研究生活をサポートしてくださった多くの方々への感謝の意を表したい。日本に来て，私は本当にすばらしい先生方，共同研究者達に恵まれ，充実した研究生活を送ることができた。長年にわたってご指導とご鞭撻をくださったアジア太平洋研究科の小林英夫先生をはじめとする諸先生並びに先輩後輩の方々に感謝の気持ちをお伝えしたい。そして中間発表会だけでなく，普段も研究指導のために多忙な時間を割いて下さった早稲田大学黒須誠治教授，貴重なアドバイスを下さった早稲田大学松岡俊二教授，関東学院大学清晌一郎教授に深く感謝する次第である。

　また，本研究は海外現地調査なしには完成させることができなかっただろう。その意味で，世界各国の自動車部品生産現場でのインタビュー活動の機会を常に与えてくださった指導教授のご厚意に深く感謝を申し上げる。そして，数えきれない海外調査を実施するにあたり，調査に理解を示し全面的な支援をしてくださった現代自動車と現代モビスの本社と海外法人並びにそのTier1，Tier2，Tier3企業の方々に深く感謝するものである。

　博士論文の中間発表会を控えて母親と娘が次々と入院したなかで，看病と研究，そして家庭と研究員の仕事を両立せねばならないプレッシャーに追われ，中間発表会の延期を考えたこともあった。その時，指導教授および周りの同僚から厚意ある励ましと助言をいただき，無事に乗り越えることができた。

　2013年は私にとって最悪の年であった。出産後は心身ともに強くなった，と健康の面ではやや自慢気で相当無理を重ねてきた私についつけが回ってきたのである。思いがけない病気で入院し，手術までにいたった。退院後の経過観

察やそのほかの諸事情により，出版が当初の予定より遅れてしまった。

　最後に，家族の熱心な支援がなかったら本研究は完成できなかったであろう。日本における私の研究生活で，最も大きな力になってくれたのは，夫と娘である。夜遅くまで書斎で過ごす日々が続くと，「宿題を減らしてください，とママの先生にお願いしてあげようか」と，真剣かつ心配そうな顔をしながら優しく声をかけてくれる娘から，私は常に新しい一歩を踏み出す勇気をもらっている。

　家族の揺るぎ無い信頼と支えのおかげで，私は家庭生活の諸事に追われながらも，博士学位をとるという夢を実現することができた。出産を機に，育児と研究の両立の辛さが身にしみて，一時期研究も学位もあきらめようとしたこともあった。

　だが，家族全員のあらゆる面でのサポートがあったからこそ，出産と育児による研究中断の2年後，私は円滑に研究現場に復帰することができたのである。長年の研究生活を支えてくれた夫をはじめとする家族の助力に感謝の意を表したい。

2014年　金　英善

著者略歴

金　英善（JIN YINGSHAN, きん えいぜん）

2011 年　早稲田大学アジア太平洋研究科博士後期課程修了。学術博士。
現在　早稲田大学自動車部品産業研究所次席研究員, 研究院講師。
専攻　アジア産業論（自動車・同部品産業），国際経営論

主要著書等

『日韓自動車産業の中国展開』国際文献印刷社，2010 年（共著）
『トヨタ vs 現代』ユナイテッド・ブックス，2010 年（共著）
『現代がトヨタを越えるとき』筑摩書房，2012 年（共著）
『世界自動車・部品企業の新興国市場展開の実情と特徴』柘植書房新社，2015 年（共著）

現代・起亜と現代モビスの中国戦略

2015 年 2 月 28 日　第 1 版第 1 刷発行　　　　　　　検印省略

著　者　金　　英　善
発行者　前　野　　隆
発行所　株式会社　文　眞　堂
東京都新宿区早稲田鶴巻町 533
電話　03（3202）8480
FAX　03（3203）2638
http://www.bunshin-do.co.jp/
〒162-0041　振替00120-2-96437

印刷・モリモト印刷　製本・イマヰ製本所
ⓒ 2015
定価はカバー裏に表示してあります
ISBN978-4-8309-4835-0　C3034